女装工业纸样设计原理与应用

（第三版）

刘 霄 著

东华大学出版社

图书在版编目(CIP)数据

女装工业纸样设计原理与应用/刘霄著.-3版.-上海:
东华大学出版社,2013.1
ISBN 978-7-5669-0219-1
Ⅰ.①女… Ⅱ.①刘… Ⅲ.①女服-服装设计 Ⅳ.①TS941.717
中国版本图书馆CIP数据核字(2013)第005681号

内容提要

本书是作者根据多年工业纸样设计的实际操作经验整理而成。

作者凭着扎实的专业理论知识和丰富的实践经验,从女装基础纸样的结构原理及各种变化到工业化纸样的应用,进行了全面系统的介绍,是一本实用性很强的技术书。

本书通俗易懂,图文并茂,实例丰富,可作为服装院校的专业教材,也可供服装技术人员及服装设计爱好者学习和参考。

责任编辑 吴川灵

封面设计 雅 风

女装工业纸样设计原理与应用(第三版)

刘 霄 著

东华大学出版社

(上海市延安西路1882号 邮政编码200051)

新华书店上海发行所发行 江苏省句容市排印厂印刷

开本:787×1092 1/16 印张:20 字数:480千字

2013年1月第3版 2015年2月第2次印刷

印数:4 001—6 000

ISBN 978-7-5669-0219-1/TS·374

定价:38.00元

前言

　　一直以来众多的服装结构书籍只是介绍怎样进行结构制图，很少介绍一套完整纸样制作流程。结构制图只是纸样设计的一个基本环节，纸样设计是指纸样设计师结合面料的性能、款式的特点，把结构制图分解成面布、里布等零部件的衣片组合，并提供最为省时便捷的工艺制作方法。所以纸样设计不仅要有丰富的专业理论知识，更要有丰富的实践经验。服装的最终目的是服务于人体。

　　每个服装公司都有自己的基础纸样，而这个基础纸样是根据企业的市场定位而设定的。设定的尺寸依据是标准的人体测量或人体模型或国家标准的号型系列规格。总之，基础纸样来源于立体（人体）而后又转化为平面，也就是通常我们所说的从立体到平面，从平面到立体。

　　此书是作者根据多年纸样设计的实践经验整理而成。书中的图型、案例都是经过实践检验和应用过的。全部按比例制成，并按顺序从最基本的基础纸样来源讲起， 包括各个部位的原理和变化、以及缝份的加放、里布的构成、到最后工业纸样的应用，充分阐述了纸样设计一系列的完整过程。

　　此书的目的是给读者一种思维、一个思考。作者以科学通俗的表现手法，力求讲活、讲透每一条线段、每一个点、每一个公式，以及每个图型的相互关系，所以不管你是初学者，还是有丰富经验的纸样设计师，只要按顺序读完此书，相信一定会大有收获。

　　本书体现作者多年来的工作实践经验形成的个人风格，由于水平有限，若有错漏，恳请前辈、先师以及同行们不吝指正。

　　此书在编写的过程中得到林福云、何庆波、刘涵、林福增、龙小平同志大力协助，在此表示衷心的感谢。最后向被本书援引、借鉴的国内外文献的作者，致以诚挚的歉意，并恳请他们的谅解。

　　自2005年笔者出版《女装工业纸样设计原理与应用》一书以来，这本书经历了市场的洗礼，得到了广大读者的喜爱。2009年又出了第二版，现为第三版。最后要感谢东华大学出版社的吴川灵先生给予的帮助与支持。

编者
2013年1月于深圳

目录

工业纸样的概念

纸样设计又称结构设计，是把造型设计通过系统的技术方法，以抽象的思维或图片转换成平面的衣片纸样，并注明各衣片之间的相互组合关系。纸样设计的方法有很多种，按现在流行的说法，称为基型法、原型法等，不管是哪一种方法，所达到的目的是一致的，只不过它们的名称不一样而已，被制成的纸样称为基础纸样。

工业化的服装生产是同一品种、多种规格的批量生产，它不是个人的单件制作，而是由多重工序群体协助完成。且纸样设计是多重工序中最重要的一环，一套标准的工业纸样，必需各种规格、图标、符号、面布、里布等零部件一应俱全，如不具备以上特点，就不能称之为工业纸样。

任何事物都首先从基础学起，服装工业纸样亦是同样道理，此章节包括纸样设计的工具、纸样设计的符号，女装的规格号型，以及试身用的人台，很显然，对于初学者来说，在学习绘图之前，了解并掌握这些基础知识是必要的。

纸样设计的工具

在工业纸样的设计中，标准化的纸样是达到服装品质的重要保证，所以专业化的工具尤为重要。

1. 工作台

   工作台是纸样设计的专用桌子，需台面平整，一般长120cm~150cm，宽90cm，高84cm左右。

2. 白纸

   透明较好，有较强的韧性，能卷能折叠，一般用于底稿的结构制图后复制各衣片的软样用纸。

3. 硬纸

   硬纸包括：牛皮纸、鸡皮纸、白板纸，一般用于净样，点位样或齐码规格的纸样。

4. 坯布

   坯布用于各种服装局部或整件服装的检验。

5. 笔

   底稿绘图一般用0.5mm的自动铅笔，复制软样用几种色笔分别表示面布、里布、粘朴的部分或其他的注明的部位。

6. 放码尺

   放码尺又叫格仔尺，全透明一边是英寸刻度，一边是厘米刻度，中间有V型或X型，是纸样设计的主要专用尺。

7. 皮软尺

   皮软尺一面是60英寸刻度，另一面是150cm刻度，两端有金属铁片，不易变形的软尺。

8. 曲线尺

   弯曲的服装工具尺一般用于袖笼弧线和后领窝弧线,有英寸和厘米两种刻度。

   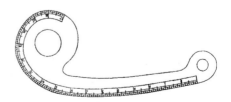

纸样设计的工具

9. 大刀尺

纸样设计专用尺，一边有英寸刻度，一边有厘米刻度，用于作臀围线、袖背线等。

10. 剪刀

服装缝纫专用的剪刀，有24cm(9'')28cm(11'')和30cm(12'')等几种规格，剪纸样和剪面料的要分开使用。

11. 胶纸座、透明胶

透明胶用于纸样转移、修补纸样等

12. 钉书机

钉书机用于复制基础硬样等。

13. 对位器

对位器有0.15cm($\frac{1}{32}$ 英寸)和0.3cm($\frac{1}{16}$ 英寸)，用于纸样的对位剪口。

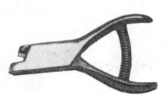

14. 齿轮

齿轮用于胚布的纸样复制或纸样一张纸到另一张纸的转移。

15. 珠针

珠针用省道的折叠或其他在人台上的固定。

16. 压铁

有拉手的不锈钢的铁块，用于复制纸样时不让纸样移动。

纸样设计的工具

17. 打孔器

铁制的打孔器有直径1.5cm($\frac{5}{8}''$)

1cm($\frac{3}{8}''$)型两种,用于硬板、齐码纸

样的穿挂。

18. 美工刀

美工刀用于硬纸样的切割。

19. 挑针

塑料柄的锥子，用于纸样上的省尖

或衣片上的省尖打小孔。

纸样绘制符号

名　称	符　号	说　明
粗实线	——	纸样绘制后的完成线
细实线	——	辅助线或基础线
虚线	- - - - -	处在下层的完成线
等分	⌢⌢	两线段相等或等长
相等	△□◎⊗	两线段相等
直角	⌐	两线的相切交角为90°
平行	═	两直线平行
合并	⊖	两片纸样的合并

纸样生产符号

名　称	符　号	说　明
布纹符号	←——→	布纹与径向直丝一致
倒顺符号	——→	箭头所指为顺毛或图案的方向
省道	◇	表示某部位要缝掉或折掉
褶裥	⋈⋈	表示某部位折叠的量
倒向符号	⟋‾⟍	表示褶裥的倒向
对位符号	——⌄——	表示两片纸样对位
明线符号	- - - - -	表示衣片表面压明线
钮眼符号	⊢——⊣	表示打钮眼的位置

女装的成品规格与号型系列

纸样设计的成品规格尺寸,来源于国家制订的标准号型系列、工业化的服装生产,是同一种产品多规格的批量生产,为满足不同身高、不同体型的消费者需求,国家对我国正常人体的主要部位尺寸为依据,对人体体型规律进行科学系统的分析,经过多年的实践以后所设置形成的国家标准。

《服装号型》GB1335-97,由国家技术监督局颁布的国家标准,它是设计批量成衣的规格和依据。

以号型定义,号是高度,指人体的身高,是设计服装长度规格的依据,型是指围度,即净胸围和净腰围,是设计服装围度规格的依据。

《服装号型》标准,以净胸围和净腰围的差数依据,把人体分为Y、A、B、C四种体型。

体形符号	胸腰差
Y	24—19
A	18—14
B	13—9
C	8—4

《服装号型》标准系列中身高均以5厘米分档,胸围以4厘米或3厘米分档,腰围以2厘米或3厘米分档,即身高与净胸围的搭配各组成5.4系列和5.3系列两种,身高与净腰围搭配各组成的5.3系列和5.2系列两种。

女装的成品规格与号型系列

服装成品号型的标志,即上装是指身高(号)/净胸围(型),下装是身高(号)净腰围(型)

如:160/84A　160/68A

表 1　5·4 5·2 A号型系列　单位：cm

腰围＼身高 胸围	145			150			155			160			165			170			175		
72				54	56	58	54	56	58	54	56	58									
76	58	60	62	58	60	62	58	60	62	58	60	62	58	60	62						
80	62	64	66	62	64	66	62	64	66	62	64	66	62	64	66	62	64	66			
84	66	68	70	66	68	70	66	68	70	66	68	70	66	68	70	66	68	70	66	68	70
88	70	72	74	70	72	74	70	72	74	70	72	74	70	72	74	70	72	74	70	72	74
92				74	76	78	74	76	78	74	76	78	74	76	78	74	76	78	74	76	78
96				78	80	82	78	80	82	78	80	82	78	80	82	78	80	82	78	80	82

表 2　5·3 A号型系列　单位：cm

腰围＼身高 胸围	145	150	155	160	165	170	175
72	56	56	56	56			
75	59	59	59	59	59		
78	62	62	62	62	62		
81	65	65	65	65	65	65	
84	68	68	68	68	68	68	68
87		71	71	71	71	71	71
90		74	74	74	74	74	74
93			77	77	77	77	77
96				80	80	80	80

女装的成品规格与号型系列

因我国的设计师有部分选用日本的立裁人台，故提供日本女装规格作为参考。

表3   日本女装参考尺寸(文化型)   单位：cm

名称 \ 规格	S	M	ML	L	LL
围度 胸　围	76	82	88	94	100
腰　围	58	62	66	72	80
臀　围	84	88	94	98	102
颈根围	36	37	39	39	41
头　围	55	56	57	57	57
上臂围	24	26	28	28	30
腕　围	15	16	16	17	17
掌　围	19	20	20	21	21
长度 背　长	36	37	38	39	40
腰　长	17	18	18	20	20
袖　长	50	52	53	54	55
全肩宽	38	39	40	40	40
背　宽	34	35	36	37	38
胸　宽	32	34	35	37	38
股上长	25	26	27	28	29
裤　长	88	93	95	98	99
身　长	150	155	158	160	162

人台基准线的认识

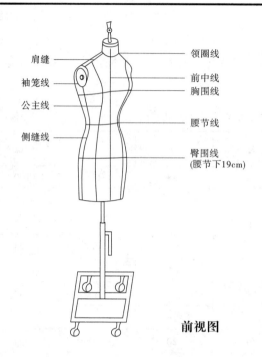

肩缝　领圈线
袖笼线　前中线
公主线　胸围线
侧缝线　腰节线
　臀围线
　(腰节下19cm)

前视图

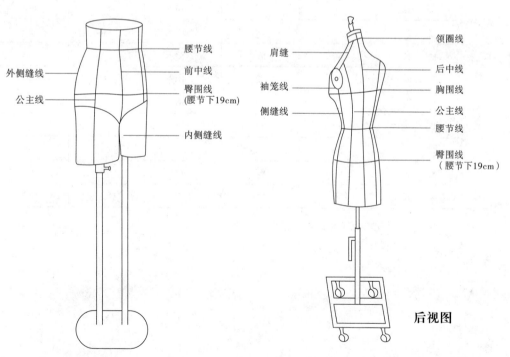

腰节线
外侧缝线　前中线
公主线　臀围线
　(腰节下19cm)
　内侧缝线

肩缝　领圈线
袖笼线　后中线
侧缝线　胸围线
　公主线
　腰节线
　臀围线
　(腰节下19cm)

后视图

基础纸样

　　基础纸样是纸样设计的基本型，按现在流行的说法，被称之为：原型、基型、母型等，基础纸样也被称为基本纸样、原型纸样、基型纸样。如何获得基础纸样，不同的公司有不同的企业市场定位，不同的设计师有不同的设计理念和风格习惯。获得的基础纸样也不尽相同。比如说，针织衫的基础纸样和外套的基础纸样肯定是有所不同。以纸样设计的规律来讲，获得的基础纸样方法有两种，一种是立体到平面，一种是平面到立体，立体到平面也就是通常所说的立体裁剪，它是以服装公司的市场定位，提供标准的立裁人台，用坯布在人台上通过一系列的折叠、剪开等处理方法，然后复制到平面上而得到的基础纸样，平面到立体就是按照服装公司的市场定位提供的立裁人台，测得的数据参数或参考国家标准的规格号型系列而制订的公司规格号型，通过公式计算绘制成平面纸样，再反复试穿修改所得到的基础纸样。

$$\frac{160}{66A} \quad 尺码\frac{M}{38}$$

	厘米	英寸
后中长	54cm	$21\frac{1}{4}''$
腰围	68cm	$26\frac{3}{4}''$
臀围	92cm	$36\frac{1}{4}''$

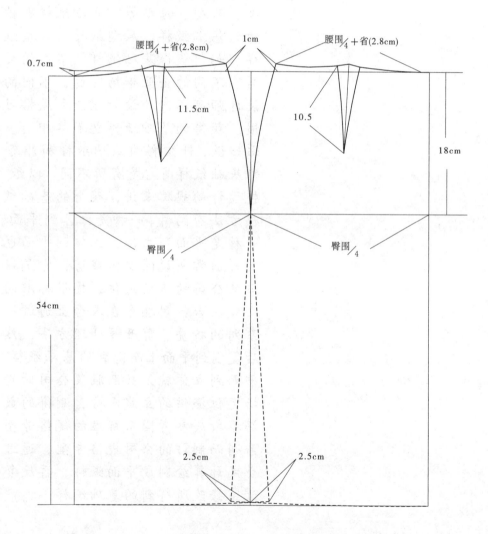

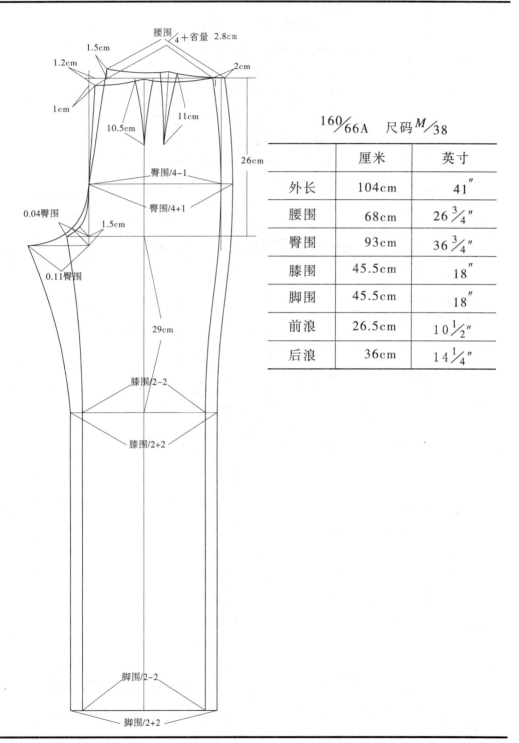

160/66A	尺码 M/38	
	厘米	英寸
外长	104cm	41″
腰围	68cm	26 3/4″
臀围	93cm	36 3/4″
膝围	45.5cm	18″
脚围	45.5cm	18″
前浪	26.5cm	10 1/2″
后浪	36cm	14 1/4″

160/84A 尺码 M/38

	厘米	英寸
肩宽	39.5cm	15 $\frac{1}{2}$ "
胸围	95cm	37 $\frac{1}{2}$ "
颈围	38cm	15 "

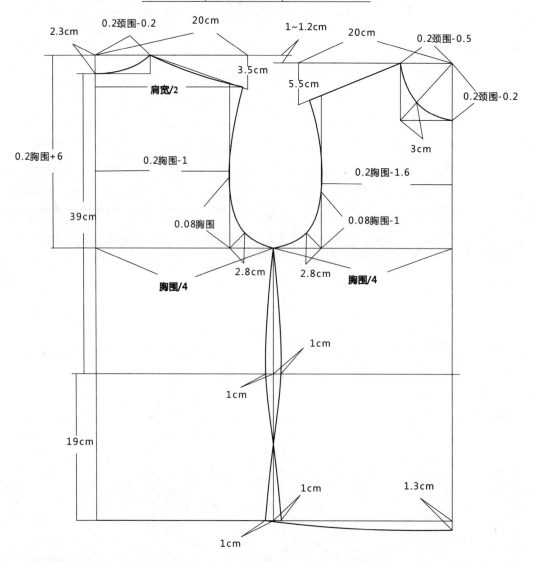

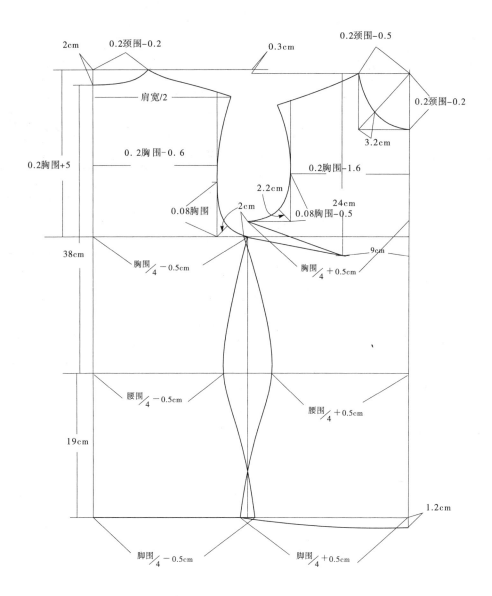

针织衣身与袖子的基础纸样

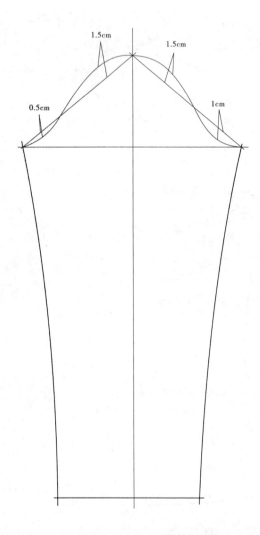

针织衣身与袖子的基础纸样

1.5cm | 1.5cm

0.5cm

1cm

$\dfrac{160}{84A}$ 尺码$\dfrac{M}{38}$	厘米	英寸
肩宽	37cm	$14\frac{1}{2}''$
领围	37.5cm	$14\frac{7}{8}''$
胸围	85cm	$33\frac{1}{2}''$
腰围	72cm	$28\frac{1}{2}''$
脚围	89cm	$35''$
袖长	58cm	$22\frac{3}{4}''$
袖肥	29cm	$11\frac{1}{2}''$
袖口	20cm	$8''$

如有后中缝时按虚线
尺寸表在下一页

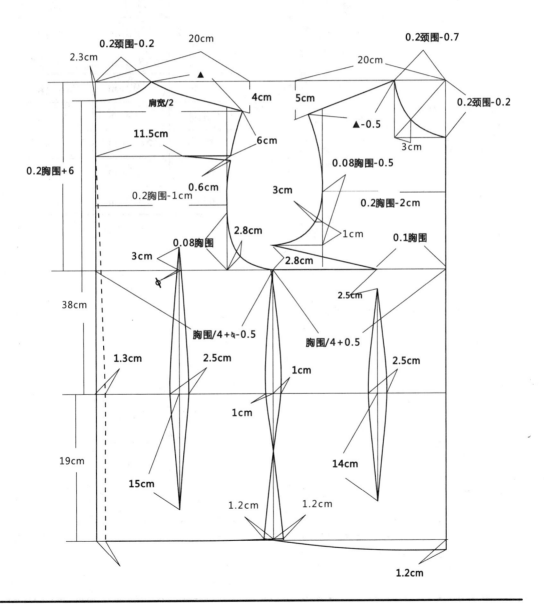

合体衣身与袖子的基础纸样

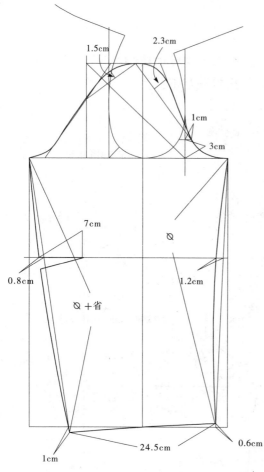

160/84A	尺码 M/38	
	厘米	英寸
腰节长	38cm	15″
肩宽	38.5cm	15 1/4″
胸围	92cm	36″
领围	38cm	15″
袖长	58.5cm	23″
袖肥	33cm	13″
袖口	24.5cm	9 3/4″

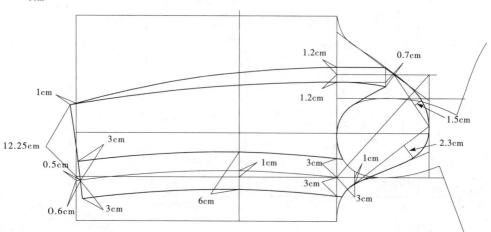

裙 子

　　裙子是女性着装的常用服装品类，裙子的款式变化很大，总结其归类为直裙结构、圆裙结构和节裙结构三大类。

　　裙子一般以腰部、长度和围度的变化，腰部的变化，有高腰、装腰、低腰之分，长度的变化有短裙、及膝裙、长裙等，围度的变化有窄裙、A裙、喇叭裙等，不管裙子的裙腰和裙子的围度如何变化都适合不同的长度。

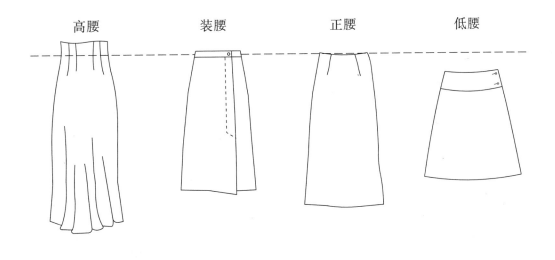

高腰　　　　　装腰　　　　　正腰　　　　　低腰

直裙的基本轮廓线和结构点的说明

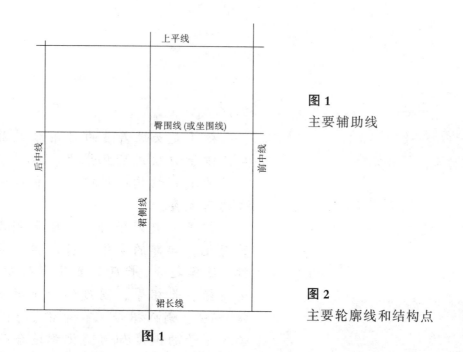

图 1

图 1
主要辅助线

图 2
主要轮廓线和结构点

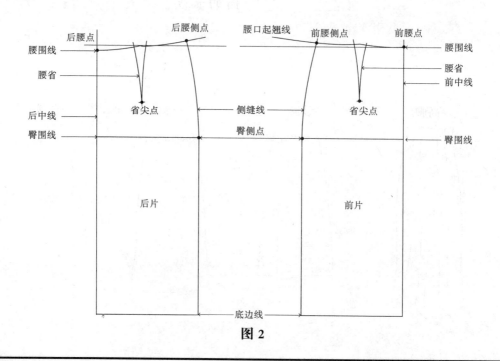

图 2

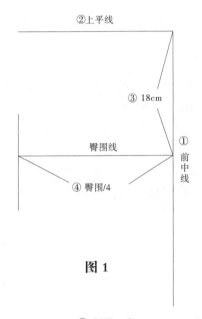

图 1

假设基础纸样设计尺寸

160/66A

后中长（可自定义）54cm

腰　围　　　68cm

臀　围　　　92cm

图 1

1.作一直线为前中线。

2.垂直前中线为上平线。

3.上平线下量18cm与前中线垂直为臀围线。

4.前中臀围线上量臀围/4作出前臀围宽。

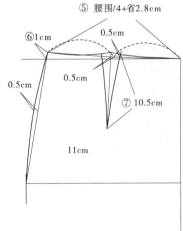

图 2

图 2

5.前中上平线上量腰围/4+省量2.8cm作出前
　腰围大。

6.前腰围大处垂直起翘1cm，曲线连接前侧
　线腰口线。

7.取前腰围大的1/2中点偏侧0.5cm作处前腰
　省中心线，作出前腰省省长10.5cm省大
　2.8cm。

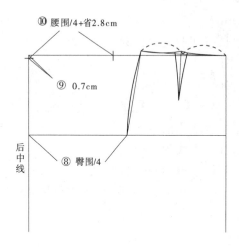

⑩ 腰围/4+省2.8cm

⑨ 0.7cm

后中线

⑧ 臀围/4

图 3

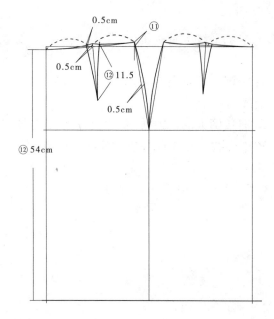

0.5cm

⑪

0.5cm

⑫ 11.5

0.5cm

⑫ 54cm

图 4

图 3

8. 臀围线处量臀围/4作后中线，与前中线平行。

9. 上平线后中处底落0.7cm作后中腰点。

10. 后中腰点处量腰围/4+省量2.8cm作后腰围大。

图 4

11. 后腰围大处垂直起翘1cm曲线连接后侧缝线，腰口线。

12. 取后腰围大的1/2中点偏侧0.5cm作后腰省中心线，并作出后腰省，省长11.5cm，省宽2.8cm。

13. 后中线后中腰点处量后中长尺寸54cm作出脚围线。

直裙基础纸样的结构原理

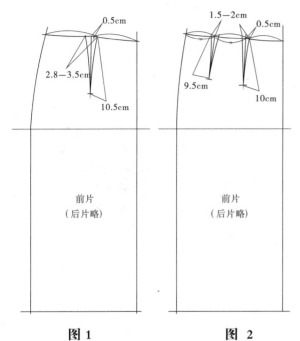

图 1   图 2

裙的腰省以对称的形式出现，一般前2个后2个或前4个后4个，以时代流行或款式的变化来划分，在裙腰省的变化中，一个省也可以分成几个小省，省的长度一般控制在9.5cm～11cm之间，省量控制在2.5cm～3.5cm之间，如图1，图2。

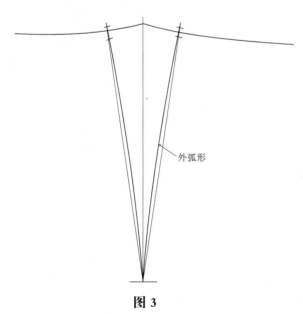

图 3

根据人体臀部的结构特征，腰以下的腰省处理成外弧形，如图3。

直裙基础纸样的结构原理

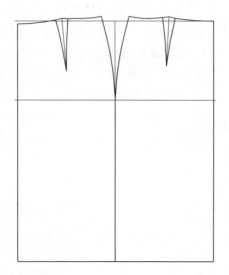

图 1

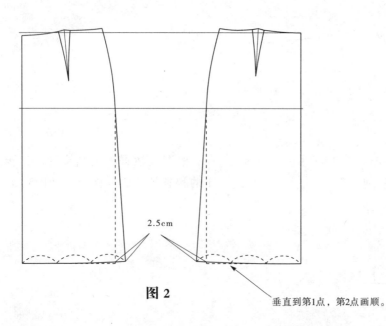

图 2

2.5cm

垂直到第1点，第2点画顺。

说明：

图1是完全直身的直筒裙基础纸样，从人体的穿着效果来看，他的脚围比臀围小。

图2是直身的直筒裙基础纸样，他的人体的穿着效果比例协调。因此不同的裙型选择不同的基础纸样，这点很重要。

裙腰的结构分为高腰、正腰和低腰，正常情况下，裙腰是落在人体的腰围线下1cm左右，指正腰不包括低腰，所以在进行高腰设计或其它连腰类设计时要加上这一差数。

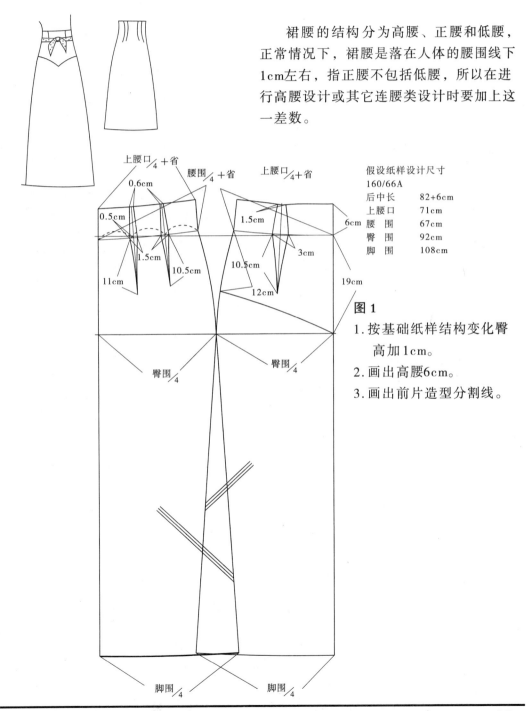

假设纸样设计尺寸
160/66A

后中长	82+6cm
上腰口	71cm
腰围	67cm
臀围	92cm
脚围	108cm

图 1

1. 按基础纸样结构变化臀高加1cm。
2. 画出高腰6cm。
3. 画出前片造型分割线。

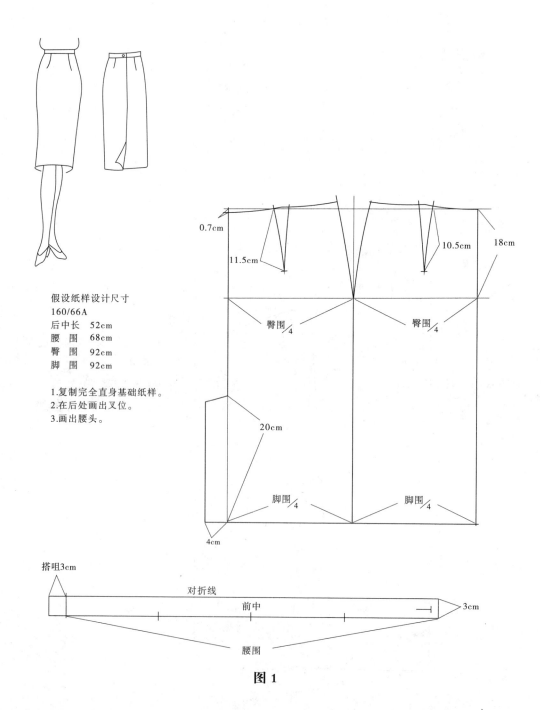

假设纸样设计尺寸
160/66A
后中长　52cm
腰　围　68cm
臀　围　92cm
脚　围　92cm

1.复制完全直身基础纸样。
2.在后处画出叉位。
3.画出腰头。

0.7cm

11.5cm

10.5cm

18cm

臀围/4　　臀围/4

20cm

脚围/4　　脚围/4

4cm

搭咀3cm

对折线

前中

3cm

腰围

图 1

假设纸样设计尺寸

160/66A

后中长　54cm

腰　围　68cm

臀　围　92cm

图 1

1. 复制基础纸样。

2. 平行腰口线4cm画出腰宽。

3. 对准省尖画出切展线。

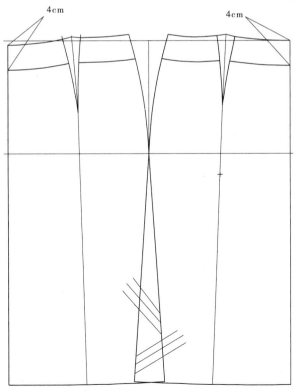

图 1

直裙的变化——四片喇叭裙 (正腰)

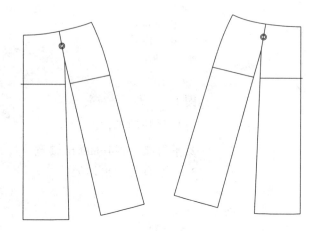

图 2

图 2

4. 剪开纸样。

5. 合并省道用胶纸粘好。

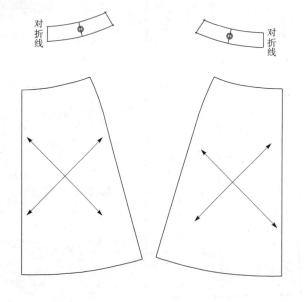

图 3

图 3

6. 合并腰头。

7. 复制纸样并标出布纹线。

8. 腰头画法参考西装裙。

直裙的变化—— 时装裙 (正腰)

假设纸样设计尺寸
160/66A

后中长	60cm
腰 围	68cm
臀 围	92cm
脚 围	104cm

图 1

1. 按裙基础纸样结构画出结构造型。
2. 画出转移省道的位置。

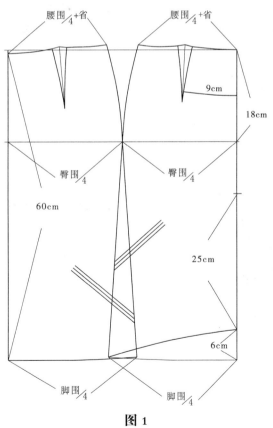

图 1

直裙的变化——时装裙 (正腰)

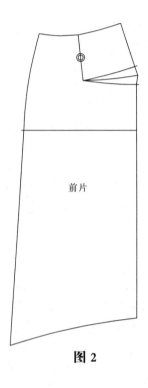

前片

图 2

图 2

3.合并腰省得到新的省量。

4.折叠新的省道并画顺。

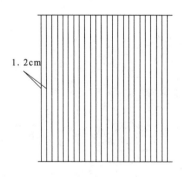

1.2cm

图 3

图 3

5.画出前中排褶纸样。

直裙的变化——低腰抽褶裙

低腰裙就是低于正常腰的裙子，低腰裙也可以设计成装腰的形式，但裙腰是在裙片上分割而成。所以低腰裙腰头或腰口线是紧贴人体的弯弧形。

假设纸样设计尺寸

160/66A

后中长	52cm
腰 围	68cm
臀 围	92cm
脚 围	102cm

重要提示：如果裙子有插三角布或排褶布，裙脚围尺寸布不包括三角布、排褶布尺寸。

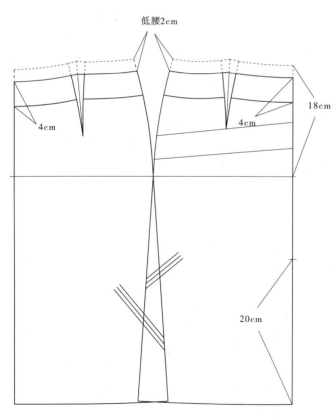

低腰2cm

4cm

4cm

18cm

20cm

图 1

图 1
1. 复制基础纸样。
2. 平行基础腰口线2cm画出低腰腰口线。
3. 平行腰口线4cm画出腰头。
4. 标出切展线，第一条线要经过省尖。
5. 按尺寸画出插片。

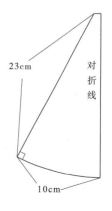

23cm

对折线

10cm

直裙的变化——低腰抽褶裙

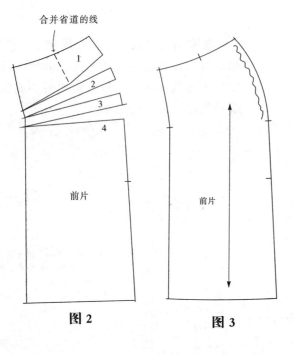

合并省道的线

前片

前片

图 2

图 3

图 2
6. 剪开纸样，展开所需要的褶量，用透明胶粘好。

图 3
7. 画顺前中线和前侧线，并复制纸样，标出对位符号及缩褶符号。

图 4
8. 分解的前后腰、后片、三角布。
9. 标出对位符号及布纹线。

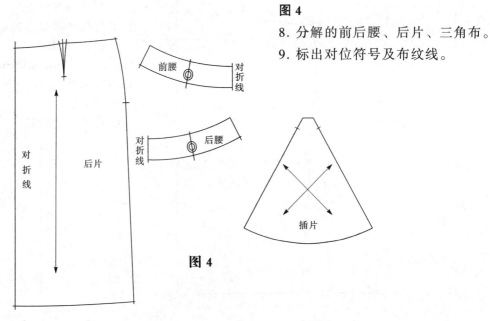

对折线

后片

前腰

对折线

对折线

后腰

对折线

插片

图 4

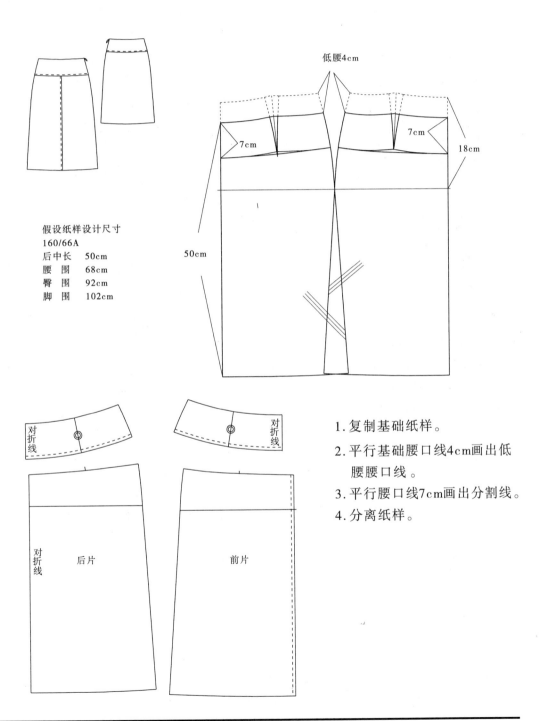

假设纸样设计尺寸
160/66A

后中长	50cm
腰 围	68cm
臀 围	92cm
脚 围	102cm

低腰4cm

7cm   7cm   18cm

50cm

对折线   对折线

对折线   后片   前片

1. 复制基础纸样。
2. 平行基础腰口线4cm画出低
   腰腰口线。
3. 平行腰口线7cm画出分割线。
4. 分离纸样。

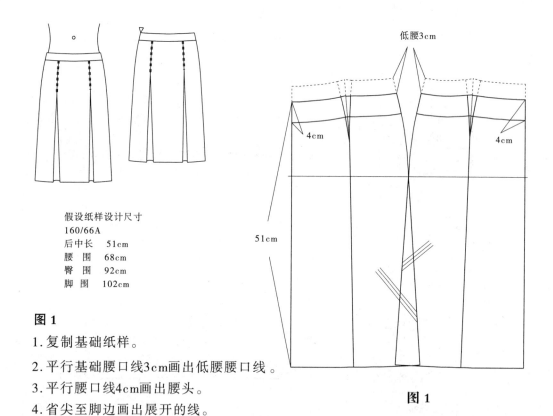

假设纸样设计尺寸

160/66A

后中长	51cm
腰 围	68cm
臀 围	92cm
脚 围	102cm

低腰3cm

4cm

4cm

51cm

51cm

图 1

图 1

1. 复制基础纸样。

2. 平行基础腰口线3cm画出低腰腰口线。

3. 平行腰口线4cm画出腰头。

4. 省尖至脚边画出展开的线。

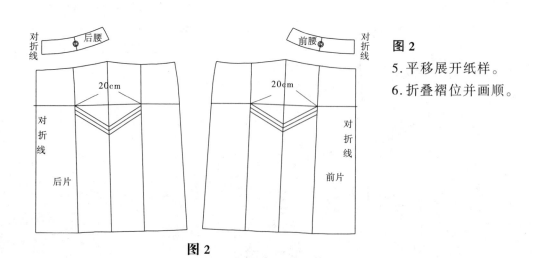

对折线　后腰

前腰　对折线

20cm

20cm

对折线

后片

对折线

前片

图 2

图 2

5. 平移展开纸样。

6. 折叠褶位并画顺。

假设纸样设计尺寸
160/66A

后中长　49cm
腰　围　68cm
臀　围　92cm
脚　围　102+100cm

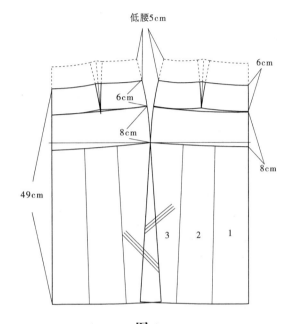

图 1

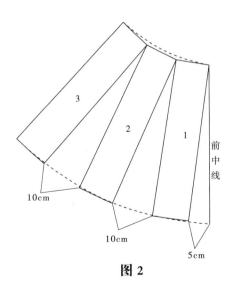

图 2

图 1

1.复制基础纸样。

2.平行基础腰线6cm画出低腰腰口线，
　平行8cm画出横向分割线。

3.画出要切展的分割线并用数字
　标明（以前片为例）。

图 2

4.用另一张大小若干的纸,复制要切展
　的裙片并展开用透明胶粘好。

5.画顺纸样,如图虚线。

直裙的变化——合身喇叭裙(低腰)

图 3

6.合并腰头纸样。

7.复制纸样，裙片布纹线用45° 斜裁。

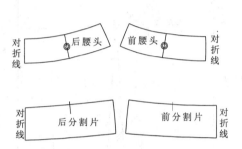

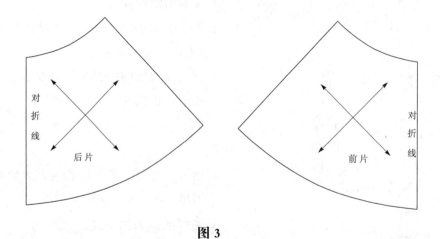

图 3

圆裙的结构原理

圆裙又称斜纹裙、是以45°角为布纹线的裙子、圆裙有整圆、半圆、1/3圆、1/4圆等等。圆裙的结构应用数学公式、把腰围理解成圆的周长、求圆的半径、应用的公式为$r=w/2\pi$，r表示圆的半径、w表示腰围、2π等于6.28

图1

1. 以裙长线交叉点作圆心,以r为半径画出整圆。
2. 定出裙长。
3. 画出整圆的裙边线。

W=68cm

公式$r=68/6.28$

R=10.8

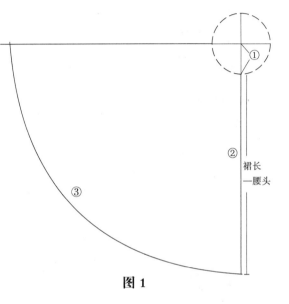

图 1

图 2

4. 标出45°布纹线。

注：圆裙是以45°角为布纹线、很容易拉伸或吊长、而导致裙脚的不顺、所以45°角较大的斜纹裙都要穿在人台上修正裙脚使其圆顺。

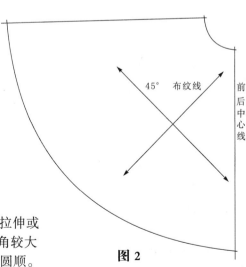

图 2

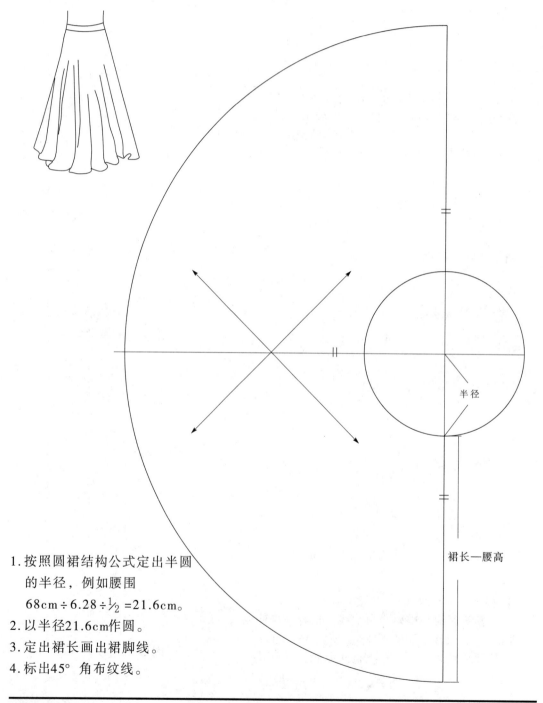

1. 按照圆裙结构公式定出半圆
   的半径，例如腰围
   68cm ÷ 6.28 ÷ $\frac{1}{2}$ = 21.6cm。
2. 以半径21.6cm作圆。
3. 定出裙长画出裙脚线。
4. 标出45°角布纹线。

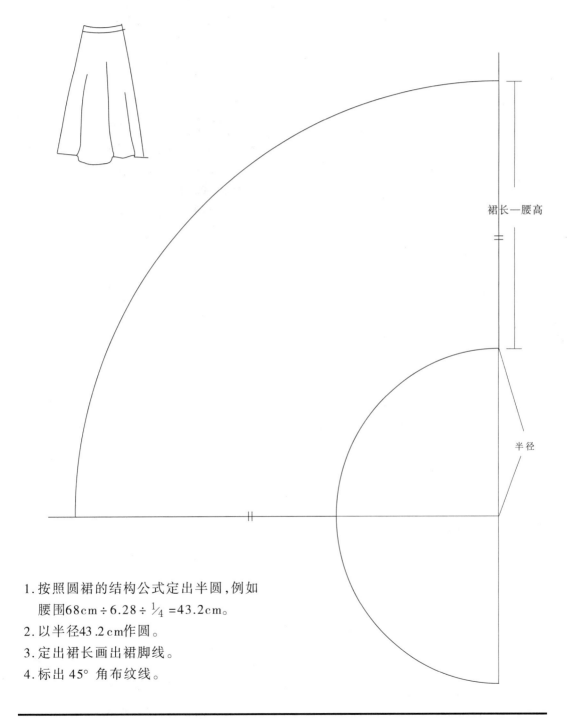

裙长—腰高

半径

1. 按照圆裙的结构公式定出半圆,例如
   腰围68cm÷6.28÷$\frac{1}{4}$=43.2cm。
2. 以半径43.2cm作圆。
3. 定出裙长画出裙脚线。
4. 标出45°角布纹线。

圆裙的变化——手帕裙

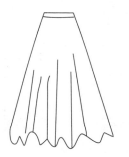

手帕裙大致同整圆的圆裙，拉链一般装在后中或左侧。

图 1

1. 用一张2.5倍裙长的纸,相对折。
2. 根据圆裙的结构$r=\frac{W}{2}\pi$算出圆的半径,以交叉点做圆心，画出腰围线。
3. 从腰口线量出长度。
4. 打开纸样标出对位符号和布纹线。

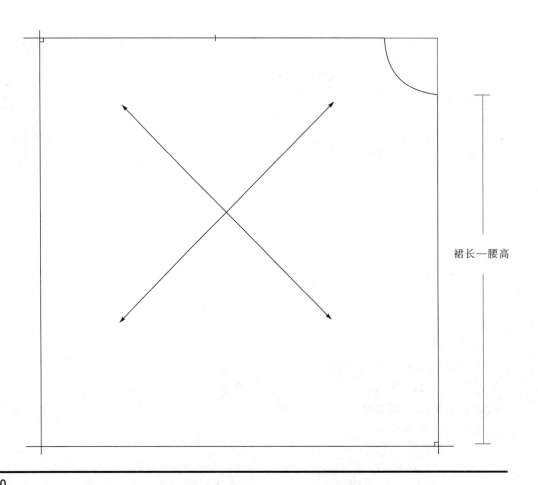

裙长—腰高

节裙的结构原理

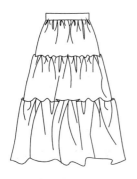

节裙一般以二节三节拼接而成，有横向或直向或45°角拼接等，无固定形式，视个人的设计风格习惯。

假设纸样设计尺寸
160/66A
后中长　68cm
腰　围　68cm

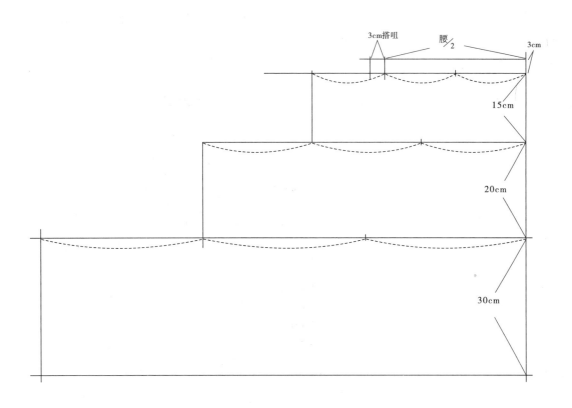

裤 子

第五章

　　裤子是人们下装的主要服装品类之一，春夏秋冬四季皆宜，裤子的品种式样很多，它可以是短裤、长裤，也可以是合体的、宽松的，裤子的长度和名称随季节的变化而变化。

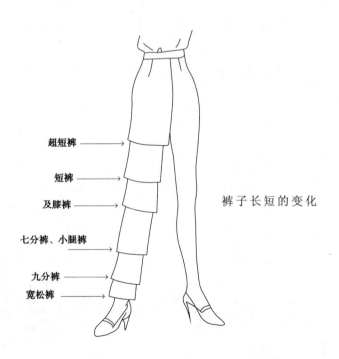

超短裤 ——→

短裤 ——→

及膝裤 ——→

七分裤、小腿裤 ——→

九分裤 ——→
宽松裤 ——→

裤子长短的变化

裤子的基本轮廓线及结构点的说明

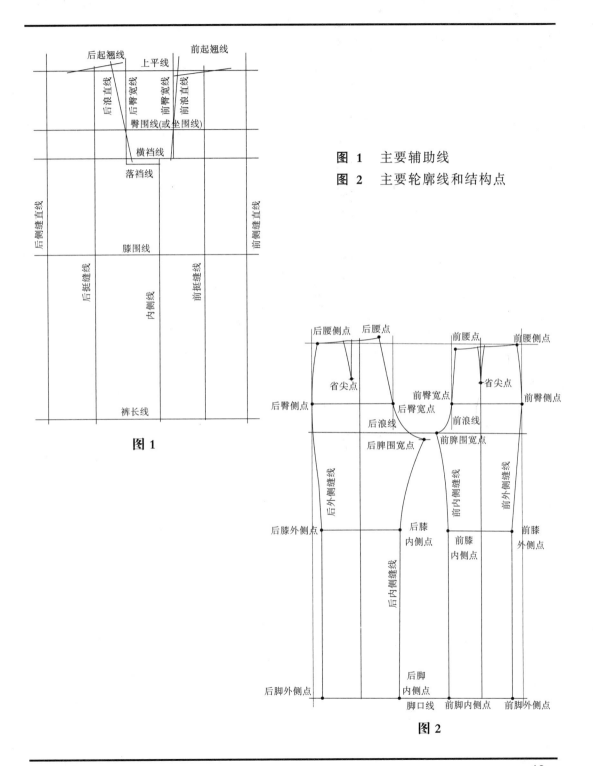

图 1

图 2

图 1　主要辅助线
图 2　主要轮廓线和结构点

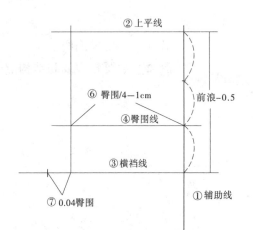

图1

假设纸样设计尺寸

160/66A

外 长	104cm
腰 围	68cm
臀 围	93cm
膝 围	45.5cm
脚 围	45.5cm
前 浪	26.5cm
后 浪	36cm

图1

1.作一直线为前侧缝辅助线。

2.与侧缝辅助线垂直画出上平线。

3.上平线下量前浪-0.5cm(直档深)
  作出横档线。

4.取直档深的1/3为臀围线(坐围线)。

5.上平线下量外长尺寸,作出脚围线。

6.臀围线上量臀围/4-1cm为前臀围宽。

7.横档线前臀围宽0.04臀围作出前小
  档宽。

裤子基础纸样的结构原理

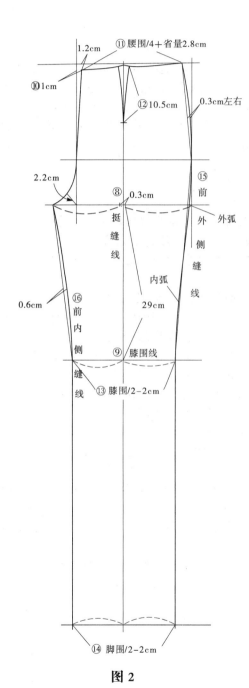

图 2

图 2

8. 取前横裆的1/2偏侧0.3cm垂直作出挺缝线（烫迹线）。

9. 横裆线下29cm与横裆线平行画出膝围线。

10. 前中上平线落低1.2cm劈门1cm为前中腰点，前中腰点曲线连接至前小裆宽点。

11. 前中腰点出量腰围/4+省2.8cm作出前侧腰点，曲线画出腰口线，曲线连接前臀外侧点。

12. 以挺缝线为省中线作出前腰省，省长10.5cm省宽2.8cm。

13. 膝围线上量膝围/2-2cm为前膝围宽。

14. 脚围线上量脚围/2-2cm为前脚围宽。

15. 前臀外侧点曲线连接前膝围外侧点直线连接前脚围外侧点，为前外侧缝线。

16. 前小裆宽点曲线连接前膝围内侧点，直线连接前脚围内侧点，为前内侧缝线。

裤子基础纸样的结构原理

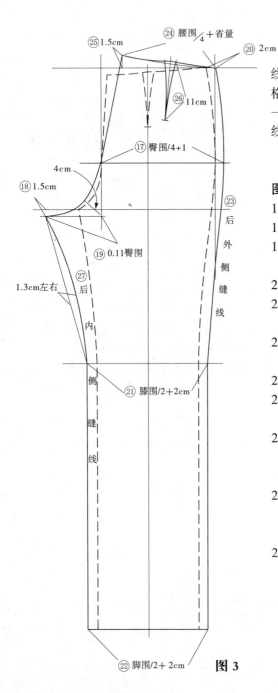

㉕1.5cm ㉔腰围/4+省量 ㉒2cm
㉖11cm
㉗臀围/4+1
4cm
㉘1.5cm
㉙0.11臀围
㉓后外侧缝线
1.3cm左右 ㉗后内侧缝线
侧缝线
㉑膝围/2+2cm
㉒脚围/2+2cm

图3

后片外侧缝线可以完全依势于前片侧缝线，那样成型后的裤子，外侧缝线无论是对格对条，还是正常的拼缝（因为前后的弧线一致），都能取得很好的效果。(虚线为前片线)

图 3

17. 臀围线上量臀围/4+1cm为后臀围宽。
18. 横裆线低落1.5cm为落裆线。
19. 横裆线后臀围宽处量0.11臀围作出后大裆宽。
20. 前腰侧点出2cm作后腰侧点。
21. 膝围线上量膝围/2+2cm以挺缝线为中点两边平分作出后膝围宽。
22. 脚围线上量膝围/2+2cm以挺缝线为中点两边平分作出后脚围宽。
23. 平行前外侧缝线画出后外侧缝线。
24. 后腰侧点量腰围/4+省量2.8cm作出后腰围大。
25. 后腰围大处垂直起翘1.5cm，直线连接至后臀围宽点，曲线连接至后大裆宽点，后起翘点曲线连接后外侧点画出后腰口线。
26. 取后腰口线的1/2中点偏侧0.5cm为后腰省中心线，并作出后腰省，省长11.5cm省宽2.8cm。
27. 后大裆宽点曲线连接至后膝围内侧点，直线连接至后脚围内侧点。

裤子基础纸样的结构原理

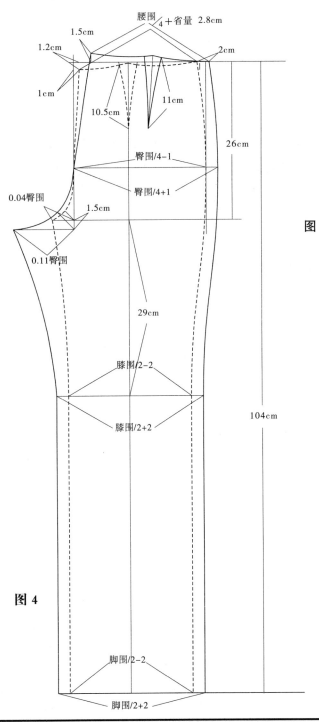

图 4 前后裤片的完成图
虚线为前片

图 4

裤子基础纸样的结构原理

裤子的结构原理

1. 腰省

    腰省分布于裤子的前后，前片以烫挺缝线和不烫挺缝线来划分，后片以有袋或无袋来区分，如有袋，先确定袋位，再确定省位位置，前片一般一个省，后片一般为1个或2个，均以对称形式出现，省的长度在9.5cm~11cm之间，省量控制在1.5~3.5cm之间，一个省可以变化成几个小省，1个省省量就大些，两个省省量就小些。

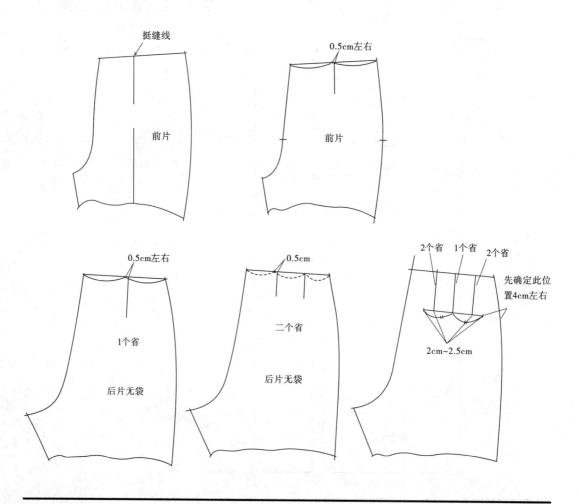

裤子基础纸样的结构原理

根据人体臀部的结构特征，腰以下的腰省，处理成外弧形。

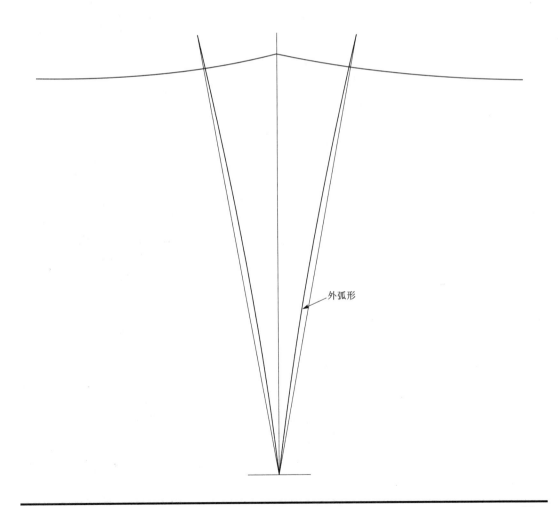

外弧形

裤子基础纸样的结构原理

2.腰褶

    腰褶一般分布于裤子的前片,由腰省转换而成,褶数为1个或2个,甚至3个以上,均以对称的形式出现,褶量以款式而定,如阴阳褶,褶量就比较大,一般在4~5cm左右,如顺风褶,褶量就小一些,一般在2~2.5cm。

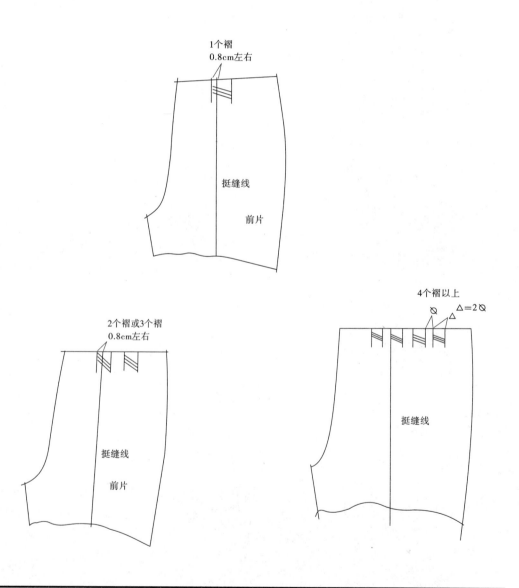

裤子基础纸样的结构原理

3.腰口线的变化

　　在裤子的基础纸样中，裤子的腰口线是以标准的人体束腰位置来确定，一般低于人体腰节1.2厘米左右，因此在进行高腰裤子设计时要加上这一差数。随着各种款式的特点或变化，往往束腰位置有所变化，贴身合体的低腰裤子束腰位置低于基础腰口线，而高腰裤子的束腰位置则高于基础腰口线。所以当标准的基础腰口线确定后，腰头的宽窄设计是任意的。

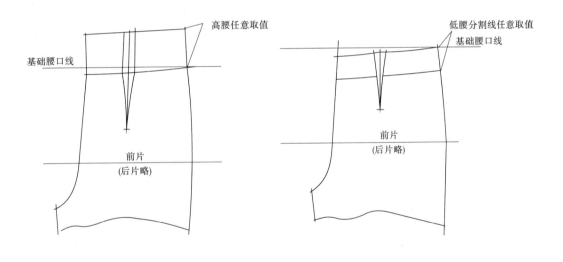

裤子基础纸样的结构原理

4.门襟与底襟

　　盖住拉链的布称为门襟(又称拉链贴)，托住拉链的布称为底襟(又称拉链牌)。

　　门襟一般为单层，宽度为2.8cm。

　　底襟一般为双层，宽度为3cm。

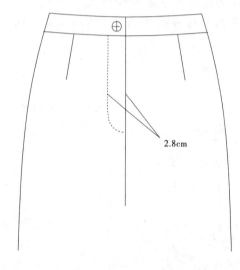

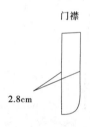

门襟

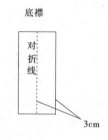

底襟

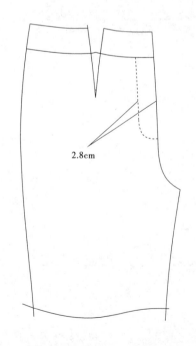

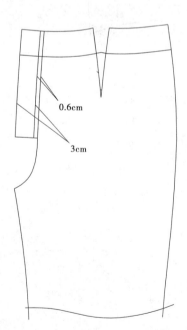

裤子基础到纸样

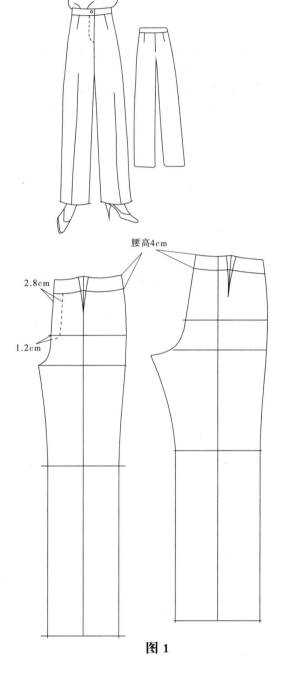

图 1

假设纸样设计尺寸

160/66A

外 长　104cm

腰 围　68cm

臀 围　93cm

膝 围　45.5cm

脚 围　45.5cm

前 浪　26.5cm

后 浪　36cm

图 1

1.用一张大小若干的纸复制基础纸样。

2.平行基础腰口线4cm画出腰高。

3.平行前中线2.8cm画出门襟宽。

图 2

4.复制前后片纸样，前后腰头纸样，
 门底襟纸样。

5.缝份的加放请参考缝份与贴边一节。

6.布纹线请参考布纹线的确定一节。

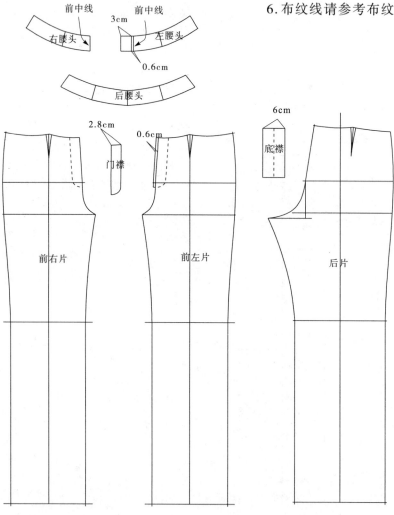

图 2

裤子的变化——宽脚高腰裤

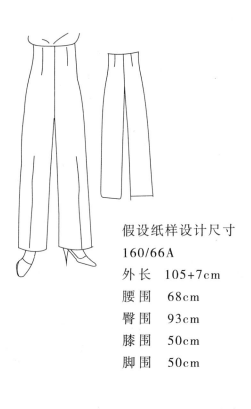

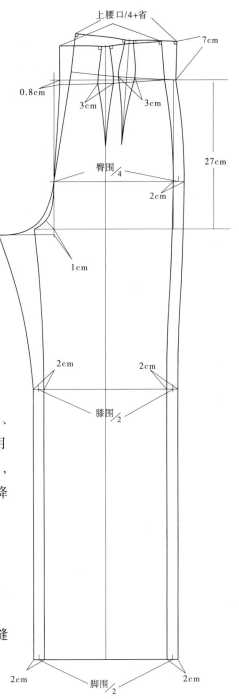

假设纸样设计尺寸

160/66A

外 长　105+7cm

腰 围　68cm

臀 围　93cm

膝 围　50cm

脚 围　50cm

　　裤子的腰头变化同裙腰一样，可作高腰、正腰、低腰的变化，但是裙子比较简单，不用基础纸样也可以直接画出高腰或者低腰造型，而裤子的低腰设计需要在基础纸样上(正腰)降低。

1. 用一张大小若干的纸复制基础纸样。
2. 调整直裆深为27cm，前中腰点低落0.8cm。
3. 画出前后高腰7cm。
4. 调整膝围尺寸和脚围尺寸，画顺前后外侧缝线和前后内侧缝线。

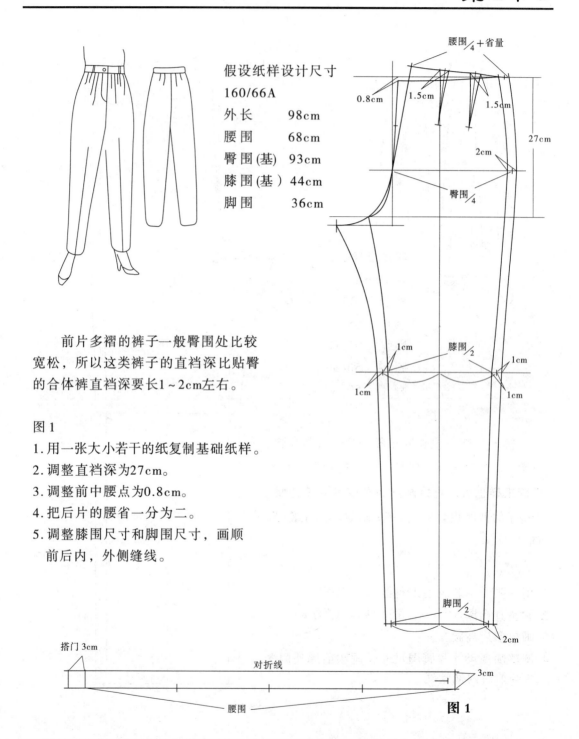

假设纸样设计尺寸

160/66A

外 长	98cm
腰 围	68cm
臀围 (基)	93cm
膝围 (基)	44cm
脚 围	36cm

　　前片多褶的裤子一般臀围处比较宽松，所以这类裤子的直裆深比贴臀的合体裤直裆深要长1~2cm左右。

图1

1.用一张大小若干的纸复制基础纸样。

2.调整直裆深为27cm。

3.调整前中腰点为0.8cm。

4.把后片的腰省一分为二。

5.调整膝围尺寸和脚围尺寸，画顺前后内，外侧缝线。

图 1

裤子的变化——锥形裤(直腰)

图 2
6.展开前挺缝线。
7.用另一张纸复制纸样。

图 3
8.调整新的挺缝线。
9.画出褶裥位置。
10.标出褶裥的倒向符号。

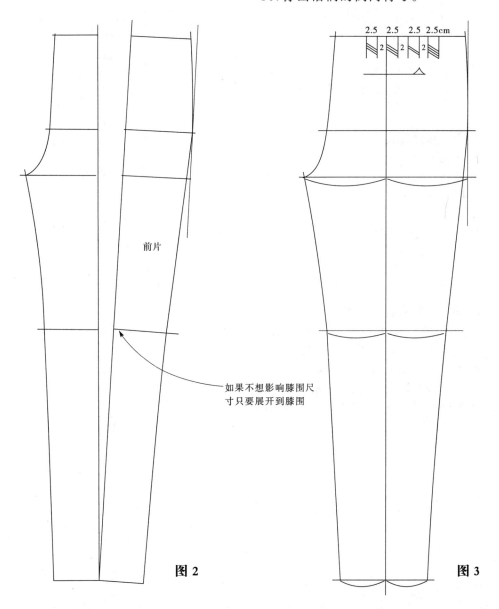

前片

如果不想影响膝围尺
寸只要展开到膝围

2.5   2.5   2.5   2.5cm
2   2   2

图 2   图 3

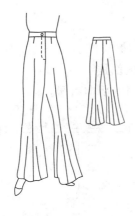

假设纸样设计尺寸

160/66A

外 长　104cm

腰 围　68cm

臀 围　93cm

膝 围　40cm

脚 围　56cm

1. 用一张大小若干的纸复制基础纸样。
2. 基础后落裆下0.5cm为新的落裆线。
3. 平行基础腰口线4cm画出腰高。
4. 平行前中线2.8cm画出门襟宽。
5. 基础膝围线上提高2~3cm为新的膝围线。
6. 调整膝围尺寸和脚围尺寸，画顺前后内，
   外侧缝线。

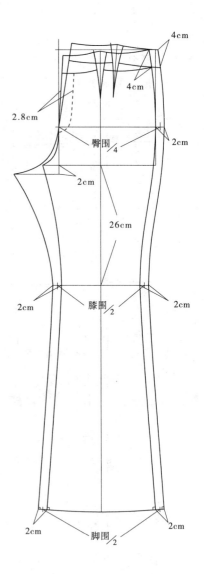

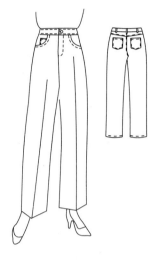

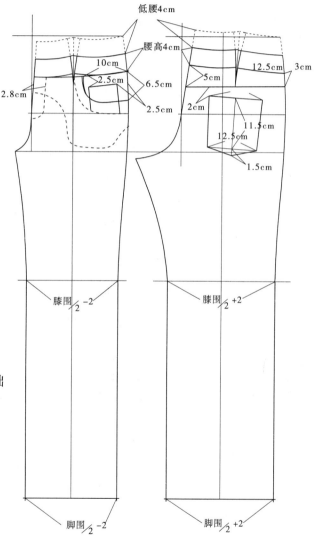

假设纸样设计尺寸

160/66A

外 长	100cm
腰 围	76cm
臀 围	93cm
膝 围	45.5cm
脚 围	45.5cm

1. 用一张大小若干的纸复制基础纸样。
2. 平行基础腰口线4cm画出低腰腰口线。
3. 平行腰口线4cm画出腰高。
4. 前中线2.8cm画出门襟宽。
5. 画出前插袋、表袋和袋布。
6. 画出后机头。
7. 画出后贴袋。

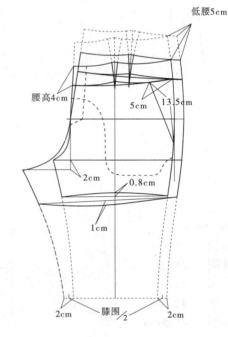

假设纸样设计尺寸

160/66A

外长　　28.8cm

腰围　　78cm

臀围　　93cm

膝围　　40cm

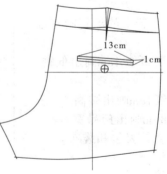

1. 复制裤子基础纸样。
2. 基础落裆线下0.5cm为新的落裆线。
3. 假设的膝围尺寸画出前后内外侧缝线。
4. 前内侧缝截取8cm画出前后脚口线。
5. 平行基础腰线5cm画出低腰口线。
6. 平行腰口线4cm画出腰高。
7. 画出前斜插袋口，袋布。
8. 画出前门襟宽。
9. 画出后双唇袋。

假设纸样设计尺寸

160/66A

外 长　98+7cm

腰 围　68cm

臀 围　93cm

脚 围　24cm

图1

1. 用一张大小若干的纸复制基础纸样。

2. 调整后落裆线为0.8cm。

3. 画出高腰造型及前分割线。

4. 画出裤外长，作出前后内、外侧缝线。

5. 画出脚级。

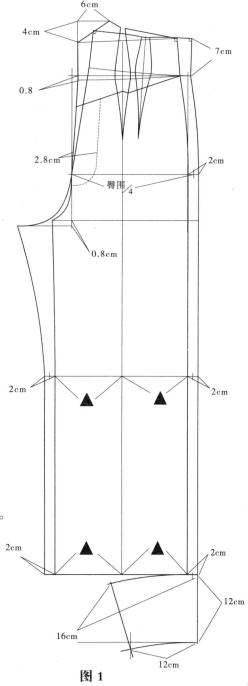

图1

裤子的变化——高腰灯笼裤

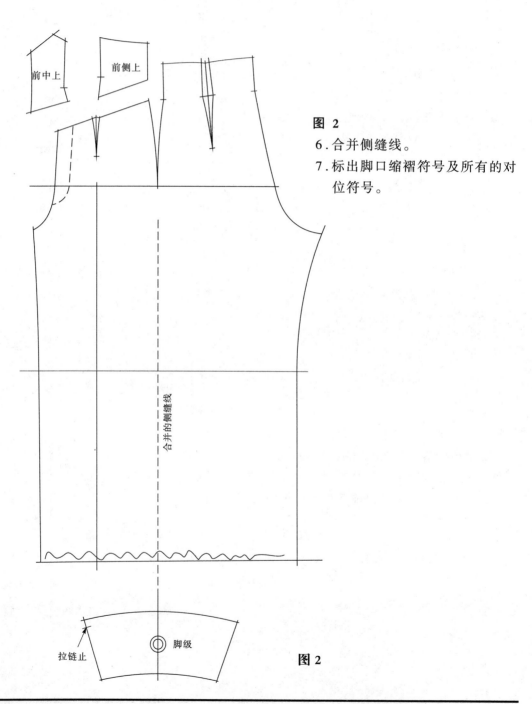

图 2

6. 合并侧缝线。

7. 标出脚口缩褶符号及所有的对位符号。

前中上

前侧上

合并的侧缝线

拉链止 脚级

图 2

假设纸样设计尺寸

160/66A

外 长　104cm

腰 围　64cm

臀 围　98cm

膝 围　48cm

脚 围　48cm

图 1

1.按基础裤子原理画出结构。

2.确定侧袋14cm，画出袋布。

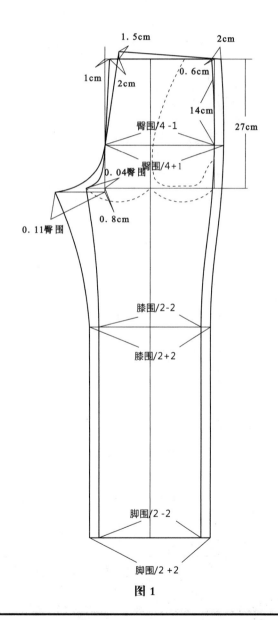

图 1

裤子的变化——宽松式运动裤

图 2

3.复制前后片纸样，袋布纸样。

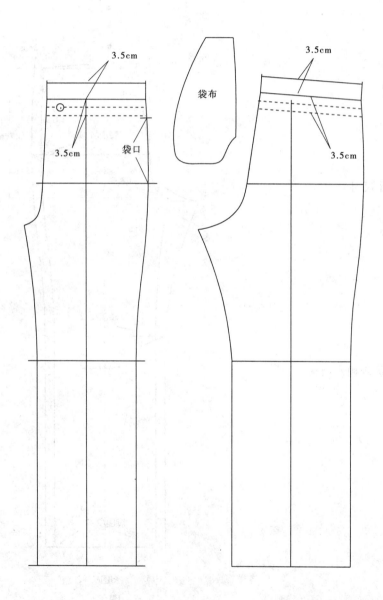

3.5cm

3.5cm

袋布

3.5cm

袋口

3.5cm

裙裤基础纸样的结构原理

裙裤从外观上看像一条裙子，实际上是一条分腿的裤子，裙裤和裤子的结构造型在横裆以上是基本相同的.但是裙裤前后浪总长比裤子的前后浪总长长2.5cm左右，裙裤同裤子一样，可作腰口线和长度的任何变化。

假设纸样设计尺寸

160/66A

外 长	72cm
腰 围	68cm
臀 围	93cm
脚 围	71cm

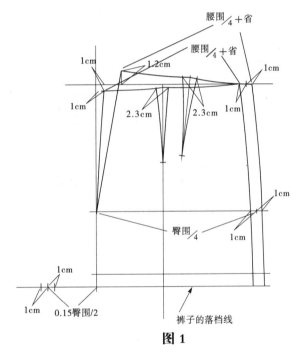

图1

图1

1. 用一张大小若干的纸复制裤子基础纸样落裆线以上的部位。

2. 在落裆线上量出0.15臀围/2的裆弯值。

3. 以0.15臀围/2的裆弯值前减1cm后加1cm分出前后裆弯。

裙裤基础纸样的结构原理

图2

4.量出长度作出裙长线.

5.画顺前后浪，并顺势作出垂直的内侧缝线。

6.量出脚围尺寸画顺脚口线。

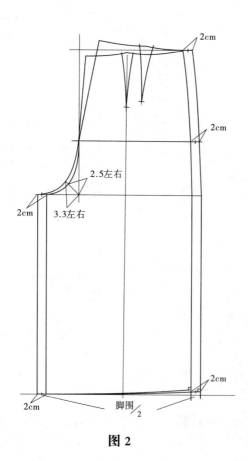

图2

裙裤的变化 (正腰)

假设纸样设计尺寸

160/66A

外 长　72cm

腰 围　68cm

臀 围　93cm

脚 围　71cm

图 1

1. 用一张大小若干的纸复制裙裤的基础纸样。
2. 画出腰位的分割线4cm。

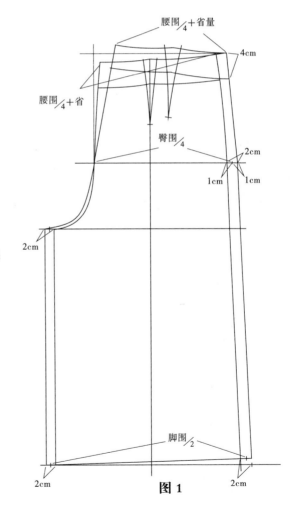

腰围/4+省量

4cm

腰围/4+省

臀围/4

2cm

1cm　1cm

2cm

脚围/2

2cm　2cm

图 1

裙裤的变化 (正腰)

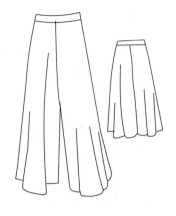

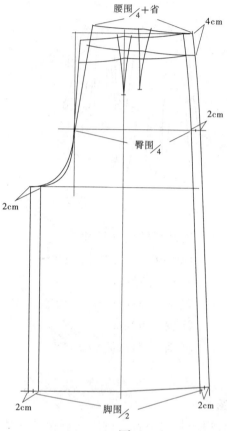

腰围/4+省

4cm

2cm

臀围/4

2cm

2cm

脚围/2

2cm

图 1

图 1

1. 用一张大小若干的纸复制基础纸样。
2. 画出腰位分割线4cm。

图 2

3. 用另一张纸复制纸样。
4. 沿挺缝线剪开重叠省道,用透明胶
   粘好。

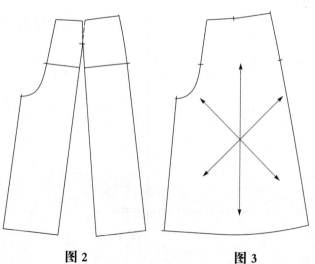

图 2　　　　**图 3**

图 3

5. 用另一张复制展开的纸样,并
   画顺腰口和脚口。
6. 标出对位符号及布纹线。

注:后片的展开方法同前片,故略。

衣身

第六章

服装的衣身是覆盖人体躯干的首要组成部分，任何上装都可从衣身基础纸样中变化而成。

此章节着重介绍衣身的结构原理，以及胸省、公主线、公主省和胸褶的原理与变化。

衣身的基本轮廓线和结构点的说明

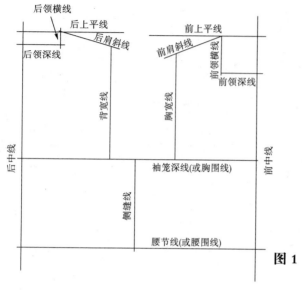

图 1

图 1　主要辅助线

图 2　主要轮廓线和结构点

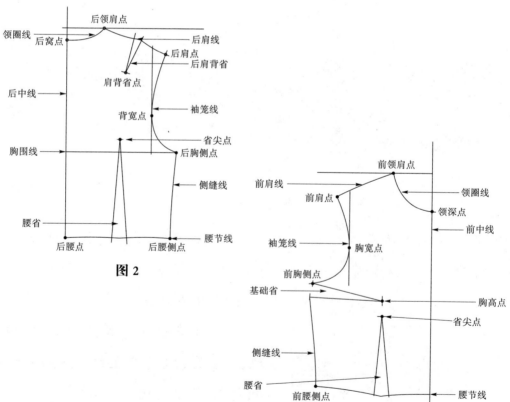

图 2

衣身基础纸样的结构原理

图 1

假设基础纸样尺寸

160/84A

胸 围	92cm
肩 宽	38.5cm
背 长	38cm
颈 围	38cm

说明：

　　不同的款式造型用不同的基础纸样，更多的基础纸样，参考基础纸样章节。

图 1

1. 作一直线为后中线。

2. 垂直于后中线为上平线。

3. 后中上平线量0.2颈围–0.2作后领横宽。

4. 后中上平线下2.3cm为后领深线。

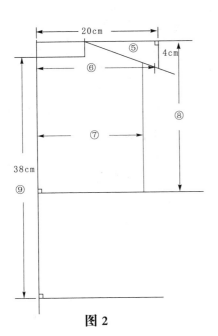

图 2

图 2

5. 后中上平线处量20cm,垂直下量4cm,直线连接至后领横宽点作出后肩斜线。

6. 后中水平量肩宽/2与后肩斜线相交,作出后肩宽。

7. 后中平行量0.2胸围–1cm画出后背宽线。

8. 后中上平线下量0.2胸围+6垂直作出袖笼深线。

9. 后中后领深线下量背长38cm垂直作出腰节线。

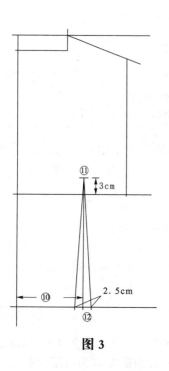

图 3

图 3

10. 后中线腰节处量10 cm
    为腰省中心点。

11. 袖笼深线上3cm为省长点。

12. 作出省量2.5cm连接省长
    点画出后腰省。

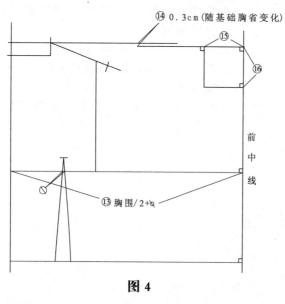

图 4

图 4

13. 袖笼深线后中处量胸围/2+φ
    垂直作出前中线。

14. 后上平线低落0.3cm（随基础
    胸省变化而变化）与前中线
    垂直画出前上平线。

15. 前中上平线量0.2颈围-0.7cm
    为前领横宽。

16. 前中上平线下量0.2颈围-0.2cm
    为领深线。

衣身基础纸样的结构原理

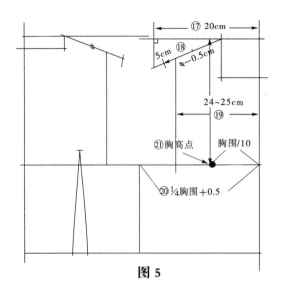

图5

图5

17. 前中上平线量20cm，20cm垂直下量5cm，直线连接至前领横宽点。
18. 后肩线长-0.5cm为前肩宽。
19. 平行前中线量0.2胸围-2cm作出前胸宽线。
20. 袖笼深前中线量胸围/4+0.5cm作出前后胸围分界点。
21. 上平线量24~25cm，前中量胸围/10两点相交为胸高点。

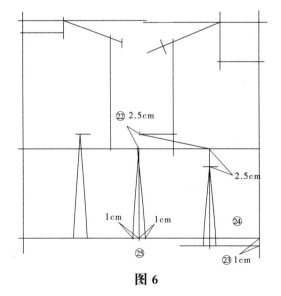

图6

图6

22. 袖笼深线胸围分界点向上垂直量2.5cm(可变量）作出基础胸省,并与胸高点连接。
23. 后腰节线下量1cm为前腰节线。
24. 以胸高点作垂线为前腰省中心线，并作出腰省，省尖离胸高点2.5cm省量2.5cm。
25. 胸围分界线前后各取1cm连接画顺侧缝线。

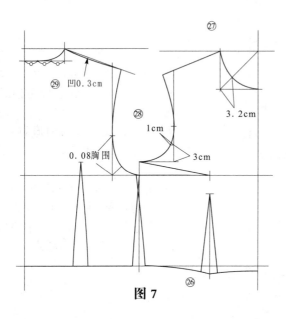

图 7

图 7
26.折叠前腰省画顺前腰节线。
27.画顺前后领圈线。
28.画顺前后袖笼弧线。
29.后肩线凹0.3cm并画顺。

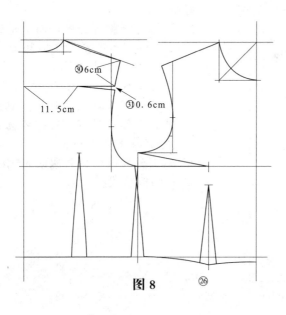

图 8

图 8
30.后肩点量6cm作水平线。
31.水平线后中量11.5cm为后
   袖笼省尖点，作出后袖笼
   省，省大0.6cm。

衣身基础纸样的结构原理

　　后肩缝线上的省道，称为肩背省，后肩缝线比前肩缝线长出的部分称肩缝溶位，通常合体的女装设计有肩背省，但有些女装没有设计肩背省，那么只有通过肩缝溶位来满足后胛骨隆起的需要，肩缝溶位的大小与面料的质地性能有关。面料质地较松疏的，溶位可多一些，面料质地较紧密的溶位相对就少一些。一般控制在0.5厘米至1.2厘米之间。

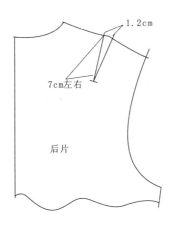
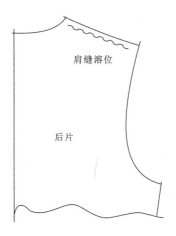

省道的表现形式

在衣片任一部位通过折叠合并到另一端得以消失的V形或近于V形的部分称之为省道，省道遍布服装的各个部位，如上衣、袖子、裤子、裙子等，同时省道还具有装饰性和功能性。

省道大致可分为锥形省、喇叭形省、冲头形省、弧形省和橄榄形省，如图：

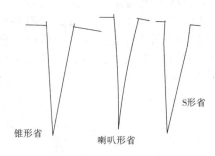

锥形省　　喇叭形省　　S形省

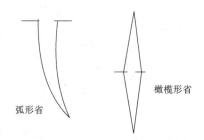

弧形省　　橄榄形省

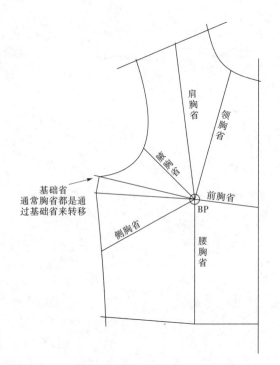

肩胸省　领胸省　腰胸省　前胸省　BP　侧胸省　腰胸省

基础省
通常胸省都是通过基础省来转移

胸省的移位

围绕衣片胸高点的四周任一位置所收的省道称为胸省，省道的方法有两种，一种是旋转法，一种是剪叠法，如果转省用得很熟练的话，旋转法是又快又好，初学者还是从剪叠法开始比较容易掌握。

腋胸省和腰胸省

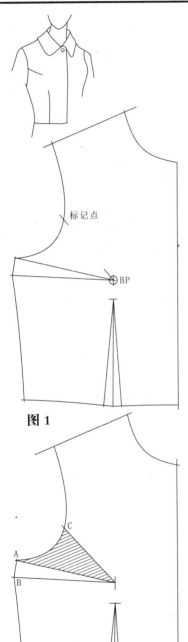

图1

图2

在合体的女装中，一般情况下前衣片由2个省道组成，其中1个是由基础胸省转换而成。

图1

1. 复制有基础省的前片基础纸样。
2. 确定腋省的位置，腋胸省又名袖笼省，可在袖笼处任意作省，一般情况下确定在袖笼的1/3处。

图2

3. 作标记点A、B、C点，C与BP点连接。用另外一张大小若干的纸复制图2阴影部分。

图3

4. 把复制的阴影部分使A点与B重合，C点散开得到D点，用透明胶粘好。

图4

5. 修正腋胸省，省尖离BP点3cm画好省道线，折叠CD两点用复描器作好记号松开省道，画顺纸样。

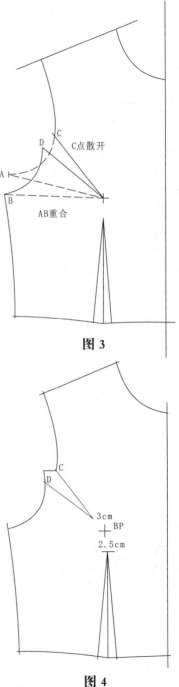

图3

图4

侧胸省和腰胸省

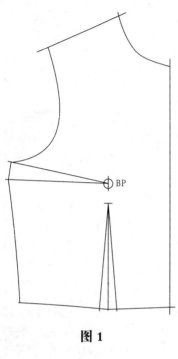

图 1

图 1

1. 复制有基础省的前片基础纸样。

图 2

2. 确定侧胸省的位置，可在侧骨处任一位置。一般情况侧胸省向BP下倾斜一些。

3. 作标记A、B、C点，C与BP点连接，用一张大小若干的纸复制图2阴影部分。

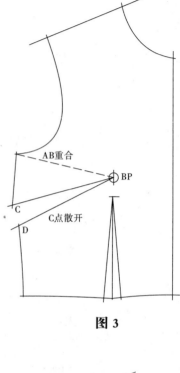

图 3

图 3

4. 把复制的阴影部分使A点与B点重合，C点散开得到D点，用透明胶粘好。

图 4

5. 修正侧胸省，省尖离BP 2.5cm画好省道线，折叠C、D两点用复描器作好记号，松开省道画顺纸样。

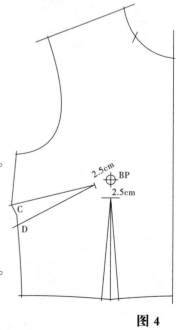

图 2

图 4

基础省和腰胸省合二为一

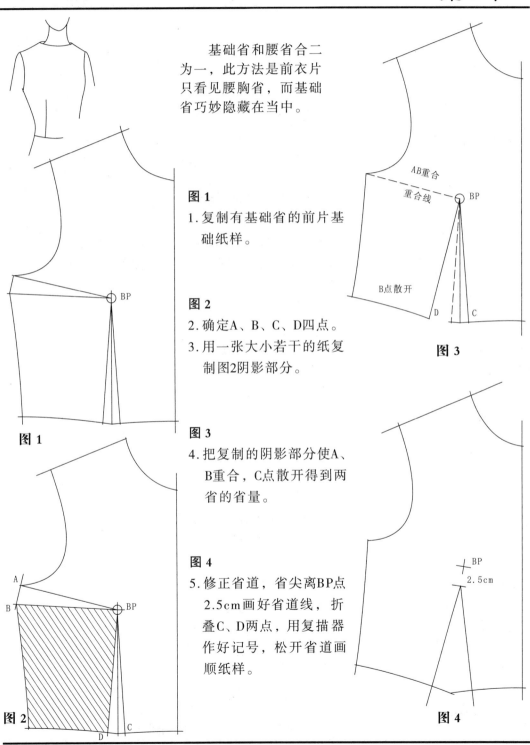

基础省和腰省合二为一，此方法是前衣片只看见腰胸省，而基础省巧妙隐藏在当中。

图1

1.复制有基础省的前片基础纸样。

图2

2.确定A、B、C、D四点。

3.用一张大小若干的纸复制图2阴影部分。

图3

4.把复制的阴影部分使A、B重合，C点散开得到两省的省量。

图4

5.修正省道，省尖离BP点2.5cm画好省道线，折叠C、D两点，用复描器作好记号，松开省道画顺纸样。

基础省和腰胸省二省转移在侧胸省

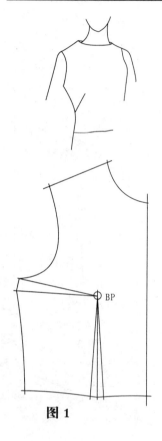

图1

1. 复制有基础省的前片基础纸样。

图2

2. 作出新省量的位置，确定A、B、C、D、E五个标点。

3. 用一张大小若干的纸复制图2的阴影部分。连接E点与BP点。

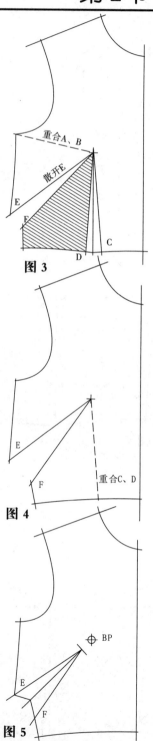

图3

4. 把复制的阴影部分使A、B点重合，散开E，得到F点，用透明胶粘好。

图4

5. 得到新的省量后，第二步，用另一张大小若干的纸复制图3的阴影部分。

6. 把复制的阴影部分使C、D两点重合，再散开F，得到新的省量，用透明胶粘好。

图5

7. 修正省道、省尖离BP点2.5cm，画好省道线，折叠E、F两点，用复描器作好记号，松开省道，画顺纸样。

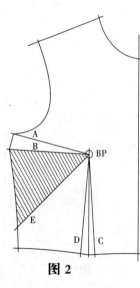

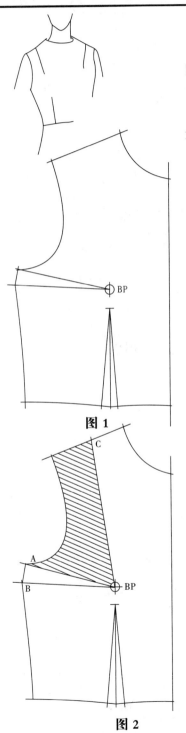

图 1

1. 复制有基础省的前片基础纸样。
2. 肩胸省可以设定在肩缝线上任意位置。

图 2

3. 作标记A、B、C点，C点与BP连接。用一张大小若干的纸复制图2的阴影部分。

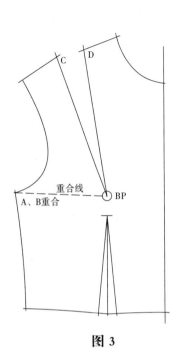

图 3

图 3

4. 把复制的阴影部分使A点与B点重合,C点散开得到D点，用透明胶粘好。

图4

5. 修正肩胸省，省尖离BP点3cm，折叠 C、D 两点,用复描器作好记号,松开省道，画顺纸样。

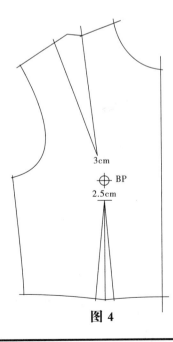

图 4

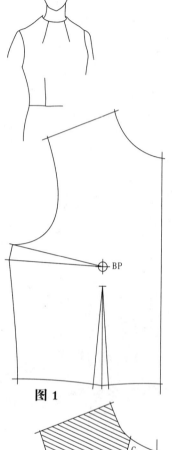

图 1

1. 复制有基础省的前片基础纸样。

2. 领胸省可以设定在领圈上任意位置。

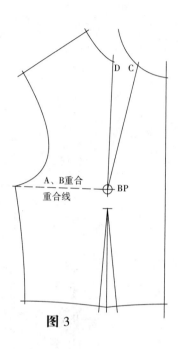

图 3

图 2

3. 作标记点A、B、C点，C与BP点连接。用另外一张大小若干的纸复制图2阴影部分。

图 3

4. 把复制的阴影部分使A点与B点重合，C点散开得到D点，用透明胶粘好。

图 2

图 4

5. 修正领胸省、省尖离BP点4～6cm，具体根据省量的大小而定，折叠C、D两点，用复描器作好记号，松开省道画顺纸样。

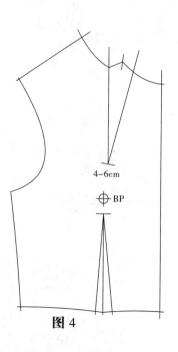

图 4

前胸省和腰胸省

第2节 G

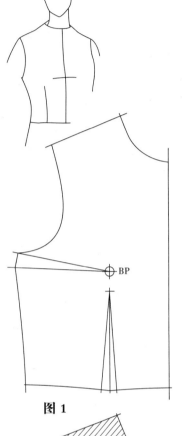

图1

前胸省可在前中线上任一位置,具体可根据设计的效果而定。

图1

1. 复制有基础省的前片基础纸样。

图2

2. 作标记点A、B、C点,C点与BP点连接,用另外一张大小若干的纸复制图2中阴影部分。

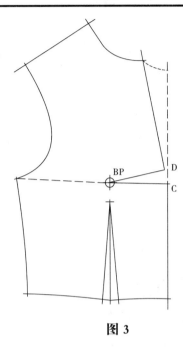

图3

图3

3. 把复制的阴影部分使A点与B点重合,C点散开得到D点,用透明胶粘好。

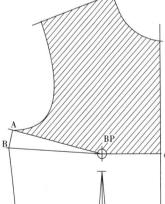

图2

图4

4. 修正前胸省,省尖离BP点2.5cm,折叠C、D两点,用复描器作好记号,松开省道,画顺纸样。

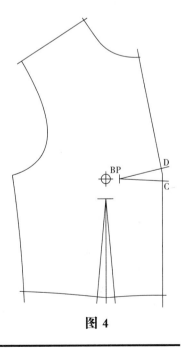

图4

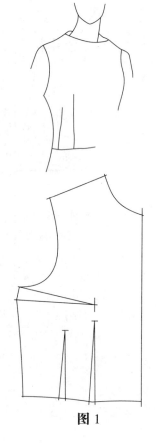

图 1

图 2

图 1

1. 复制前片有基础省的纸样，把原有的腰胸省的省量一分为二个省道。

图 2

2. 此省转移可分为两种方法，一种是把基础省的省量转移到两个腰胸省中，另一种是把基础省的省量转到离BP点最近的腰胸省中。（可参考本章第二节C)下面介绍第一种方法。

3. 把基础省一分为二,作出A、B、C、D、E、F、G7个点,用另一张大小若干的纸复制图2的阴影部分。

图 3

4. 把复制的阴影部分使A、B重合,D点散开,用透明胶粘好。

图 4

5. 第二步：连接BP点与另一省尖,复制图3阴影部分,使B′E重合,G点散开。

图 5

6. 修正省道,靠近BP点的省道,省尖离BP2.5cm,折叠2个省道,C、D折叠,F、G折叠,用复描器作好记号,松开省道。画顺纸样。

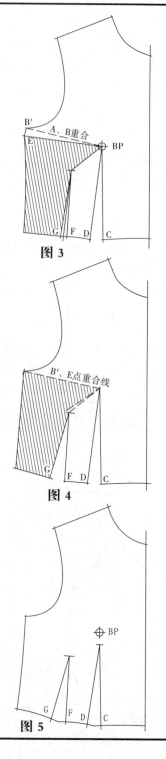

图 3

图 4

图 5

两个侧胸省的移位方法

第 2 节 I

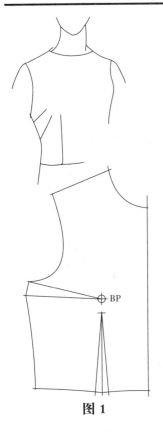

图 1

图 2

　　合体服装都有一个基础省和一个要胸省，一个省道也可分成几个小省，其中有些省道可设计成装饰省，装饰省可对设计师产生很大的创作空间。

图 1

1.复制前片有基础省的前片纸样。

图 2

2.确定两个省道的位置，把基础省一分为二，作出A、B、B′、C、D、E 6个标点。

3.用一张大小若干的纸复制图2中的阴影部分。

图 3

4.把复制的阴影部分使A、B两点重合，散开D点得到D'点，用透明胶粘好。

5.第二步，确定E的省长与BP点连接，再用另外一张大小若干的纸，把图3的阴影部分复制。

图 4

6.B'与C重合，散开E点，得到E'点。

图 5

7.修正省道，靠BP点的省道，省尖离BP 2.5cm，另外的省道，以设计效果而定长短。折叠2个省道，D与D'折叠，E与E'折叠，用复描器作好记号，松开省道画顺纸样。

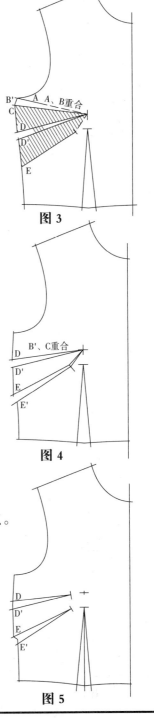

图 3

图 4

图 5

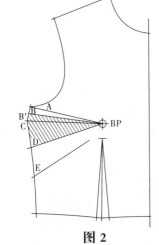

两个腋胸省的移位方法

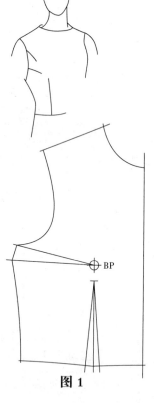

图 1

两个腋胸省的设计，因为上面省道离BP较远，所以只能设计为装饰省。

图1

1. 复制前片有基础省的基础纸样。

图2

2. 确定两个省道的位置，把基础省分为2个，标出A、B、B′、C、D、E 6个标记，装饰省的省量小一些 0.6～1cm 左右，其余的省量转移到另一个省里。

3. 用一张大小若干的纸复制图2中的阴影部分。

图3

4. 把复制的阴影部分使A、B两点重合，散开D点得到D'点，用透明胶粘好。

5. 第二步，用另一张大小若干的纸复制图3的阴影部分。

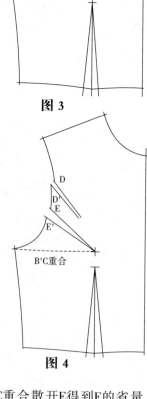

图 3

图 4

图4

6. B'与C重合散开E得到E的省量，用透明胶粘好。

图5

7. 修正省道，靠BP点的省道，省尖离BP 2.5cm，折叠2个省道，D与D'折叠，E与E'折叠，用复描器作好记号，松开省道，画顺纸样。

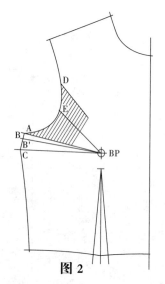

图 2

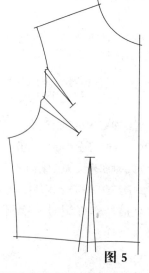

图 5

后肩省的移位方法

图 1

1.复制有后袖笼省的后片基础纸样。
2.确定后肩省的位置。

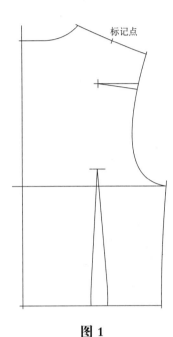

图 1

图 2

3.作标记点A、B、C，C点与省尖点连接。
4.用另一张大小若干的纸，复制阴影部分。

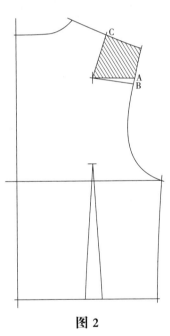

图 2

图 3

5.把复制的阴影部分，使A点与B点重合，C点散开得到D点，用透明胶粘好。
6.修正后肩省，折叠CD两点用复描器作好记号，松开省道，画顺纸样。

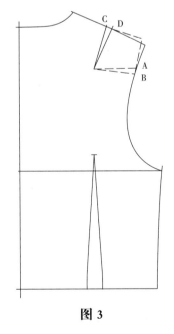

图 3

后领省的移位方法

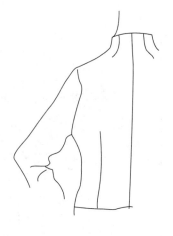

图 1

1. 复制有后袖笼省的后片基础纸样。
2. 确定后领省的位置。

图 2

3. 作标记点A、B、C点。
4. 延长A点线，与C点延长线交接。
5. 用一张大小若干的纸复制图中阴影部分。

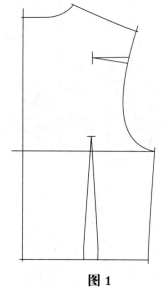

图 1

图 3

6. 把复制的阴影部分使A点与B点重合，C点散开得到D点，用透明胶粘好。
7. 修正后领省，折叠C、D两点用复描器作出记号，松开省道，画顺纸样。

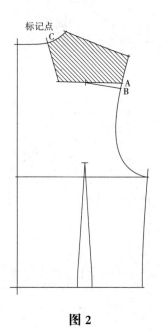

图 2

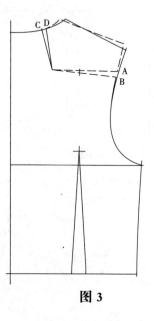

图 3

公主线与公主省

公主线与公主省是衣身的一个省道连接另一个省道的分割线或造型线，是比较常见的结构变化方法，公主线与公主省的结构特征是基本一致的，公主线是衣片分割开片的结构造型。而公主省是在公主线的基础上连片的结构造型。公主线和公主省的起点可在领圈线、肩缝线、袖笼线的任一位置。下面将介绍比较常见的几种方法。

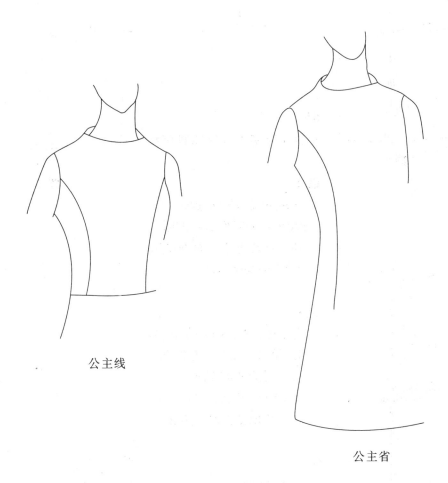

公主线

公主省

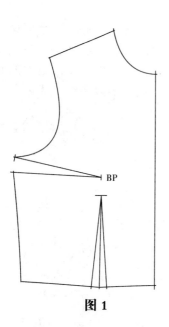

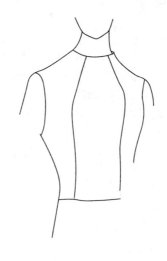

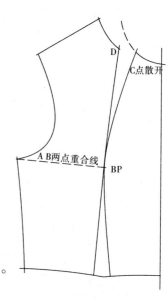

图1

图1

1.复制有基础省的基础纸样。

图2

2.在领圈线作标记点C点,连接BP点,同时作出A、B两点。

3.用一张大小若干的纸复制图2中的阴影部分。

图3

图3

4.把复制的阴影部分使A点与B点重合,C点散开得到D点,用透明胶粘好。

5.画顺BP点处如图3虚线部位,以BP点作对位标记。

图4

6.分离两片纸样

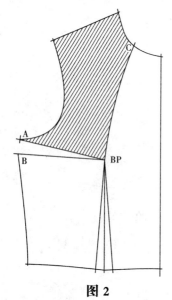

图2

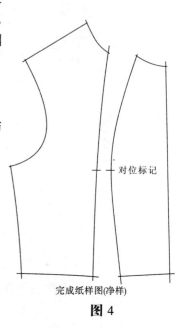

完成纸样图(净样)

图4

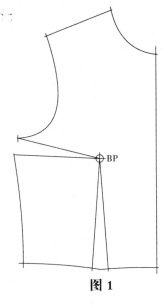

图 1

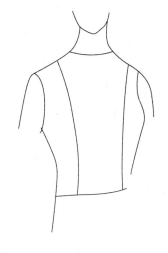

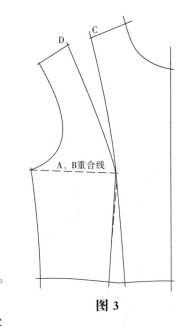

图 3

图 1

1.复制有基础省的基础纸样。

图 2

2.在肩缝上离领窝点6.5cm处
作标记点C点，连接BP点，
并同时作出AB两点。

3.用另一张大小若干的纸复制
图2的阴影部分。

图 3

4.把复制的阴影部分使A点与
B点重合，散开C点得到D点，
用透明胶粘好。

5.画顺侧片BP点处，如图3虚
线所示，以BP点作对位标记。

图 4

6.复制分离纸样。

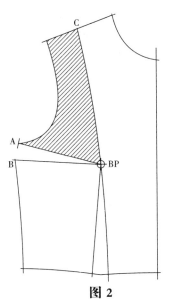

图 2

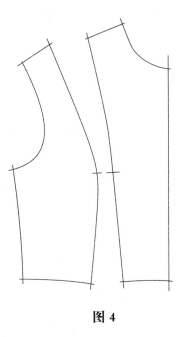

图 4

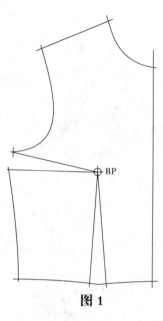

图 1

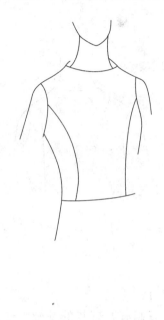

图 2

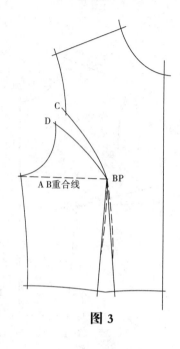

图 3

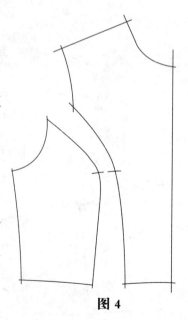

图 4

图 1

1. 用一张纸复制有基础省的基础纸样。

图 2

2. 在袖笼处作标记C点与BP点连接，并同时作出A、B两点。

3. 用另一张大小若干的纸复制图2的阴影部分。

图 3

4. 把复制的阴影部分使A点与B点重合，散开C点得到D点，用透明胶粘好。

5. 画顺BP点处，如图3虚线示。

图 4

6. 复制分离纸样，并标出对位符号。

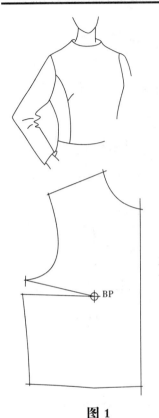

一般来说，公主线总是经过胸高点，省量消失在缝线中。要使设计的公主线离胸高点较远，而又合体的服装，那么只有在公主线上加一小胸省。

图 1

1.复制有基础省的基础纸样。

图 2

2.折叠基础省，画出腰胸省，如图2。

图 3

3.松开基础省，画出小胸省位置，并与BP连接。

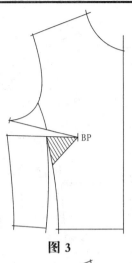

图 3

图 4

4.合并前侧片位置的基础省。

5.用一块大小若干的纸复制图3的阴影部分，合并基础省，得到新的省量，用透明胶粘好。

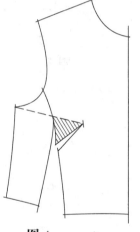

图 5

6.画出小胸省长度，省尖离BP点2.5cm并折叠小胸省用齿轮作出记号，松开小胸省，画顺纸样。

7.分离两片纸样，以合并的基础省线作对位标记。

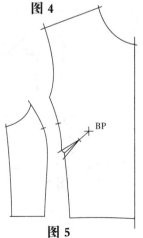

图 4

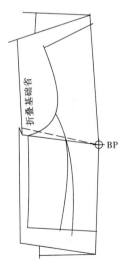

图 2

图 5

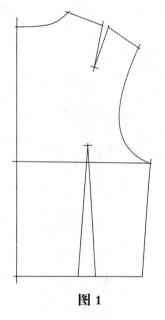

图 1

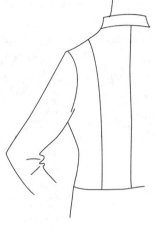

图 3

图 1

1. 复制有后肩省和后腰省的
   后片基础纸样。

图 2

2. 连接两个省尖点。如图2虚
   线所示。

图 3

3. 画顺两点之间的连接线。
   靠近后中的线流畅自然，
   另一条依势画出。

图 4

4. 在胸围线作好双刀眼标记，
   复制分离两片纸样。

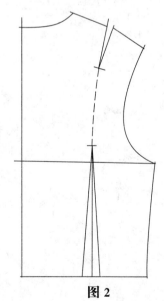

图 2

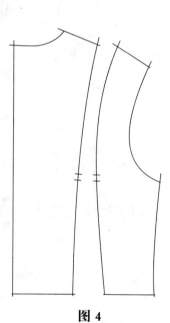

图 4

注：所有样片、前片一般用
    单刀眼标记后片一般用
    双刀眼标记(双刀眼间距
    1cm)以便区分。

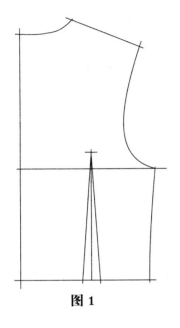

图 1

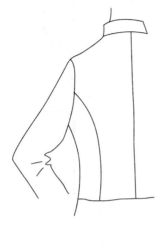

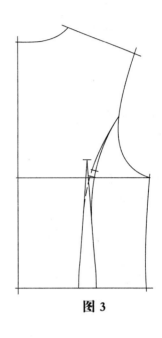

图 3

图 1

1.复制有后腰省的基础纸样。

图 2

2.确定在袖笼线的公主线位
　置点。

图 3

3.用弧线连接省与公主线标
　点并画顺。

4.在胸围线位置作好双刀眼
　对位记号。

图 4

5.复制分离两片纸样。

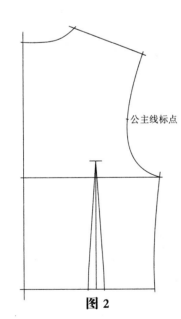

公主线标点

图 2

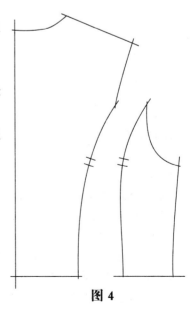

图 4

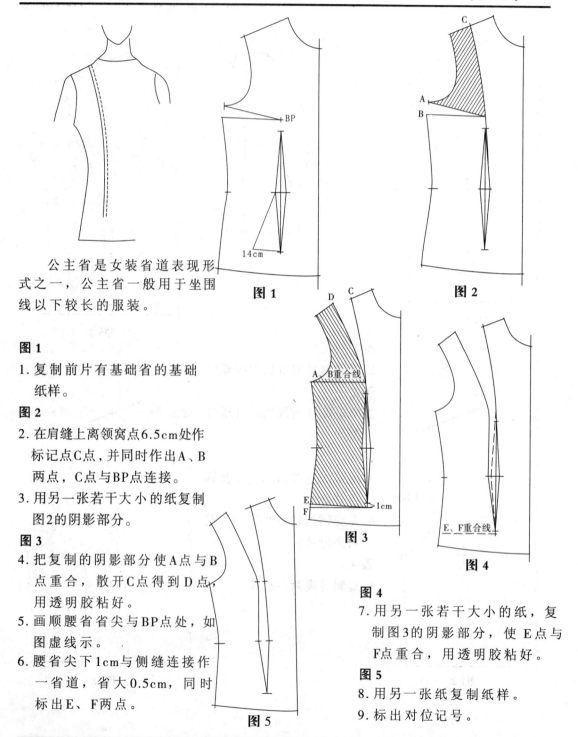

图1

图2

图3

图4

图5

公主省是女装省道表现形式之一，公主省一般用于坐围线以下较长的服装。

图1

1. 复制前片有基础省的基础纸样。

图2

2. 在肩缝上离领窝点6.5cm处作标记点C点，并同时作出A、B两点，C点与BP点连接。

3. 用另一张若干大小的纸复制图2的阴影部分。

图3

4. 把复制的阴影部分使A点与B点重合，散开C点得到D点，用透明胶粘好。

5. 画顺腰省省尖与BP点处，如图虚线示。

6. 腰省尖下1cm与侧缝连接作一省道，省大0.5cm，同时标出E、F两点。

图4

7. 用另一张若干大小的纸，复制图3的阴影部分，使E点与F点重合，用透明胶粘好。

图5

8. 用另一张纸复制纸样。

9. 标出对位记号。

前袖笼线上的公主省

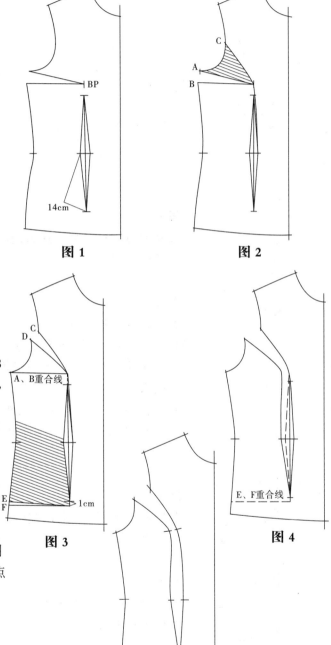

图 1

图 1

1. 用一张纸复制前片有基础省的基础纸样。

图 2

2. 在袖笼处作标记C点，并同时作出A、B两点，C点与BP点连接。

3. 用另一张若干大小的纸复制图2的阴影部分。

图 3

4. 把复制的阴影部分使A点与B点重合，散开C点得到D点，用透明胶粘好。

5. 画顺腰省省尖与BP点处，如图3虚线示。

6. 腰省省尖下1cm与侧缝连接作一省道，省大0.5cm，同时标出E、F两点。

图 4

7. 用另一张若干大小的纸复制图3的阴影部分，使E点与F点重合，用透明胶粘好。

图 5

8. 用另一张纸复制纸样。

9. 标出对位记号。

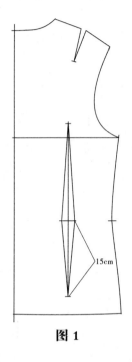

图 1

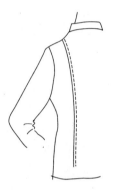

图 1

1. 复制有后肩省和后腰省的后片基础纸样。

图 2

2. 连接两个省尖点。

3. 画顺两省尖的连接线,靠近后中的线流畅自然,另一条依势画出。

4. 腰省尖下1cm与侧缝连接作一省道,省大0.5cm,同时标出E、F两点。

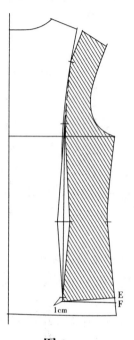

图 2

图 3

5. 复制图2的阴影部分,使E点与F点重合,用透明胶粘好。

图 4

6. 用另一张纸复制纸样。

7. 标出对位记号。

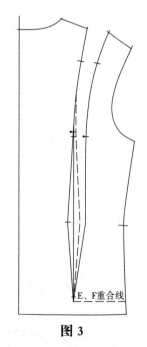

图 3

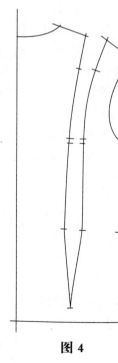

图 4

后袖笼线上的公主省

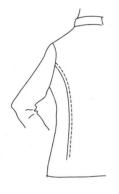

图 1

1. 复制有后腰省的后片基础纸样。
2. 确定在袖笼线上的公主线位置点C点。
3. 用弧线连接C点与省尖并画顺。

图 2

4. 标出后片双刀眼对位记号。
5. 腰省尖下1cm与侧缝连接作一省道,省大0.5cm,同时标出E、F两点。

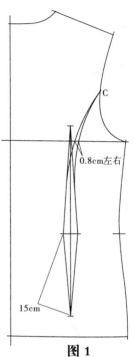

C

0.8cm左右

15cm

图 1

图 3

6. 用一张若干大小的纸复制图2的阴影部分,使E点与F点重合,用透明胶粘好。
7. 用另一张纸复制纸样。
8. 标出对位记号。

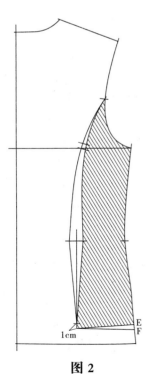

1cm

E
F

图 2

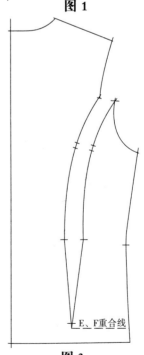

E、F重合线

图 3

褶裥的表现形式

　　褶裥与省道一样也是女装常见的结构形式，根据褶的结构特点，基本可把它分为两类，即细褶和宽褶。

　　细褶其特点是成群而分布集中，又以无明显倒向的形式出现，所以又称抽褶或缩褶。

　　宽褶的特点是以褶数多少不等，但分布有一定的规则。又以明显倒向的形式出现，另外宽褶可组合成内工字褶、外工字褶、顺风褶、折叠或褶裥等多种形式。

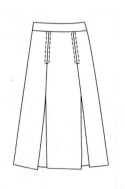

内工字褶

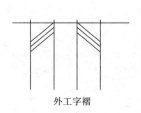

外工字褶

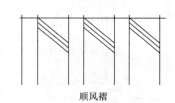

顺风褶

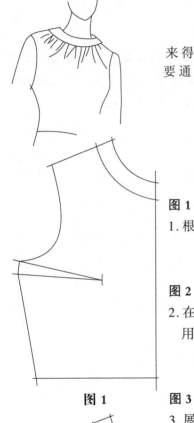

同胸省一样，上衣的褶量一般是通过基础省的省量来得到，但基础省的省量很难满足褶量的需求，那么就要通过切展，从而满足所需的褶量。

图1

1. 根据款式画好基础纸样。

图2

2. 在纸样上标出展开的记号，并用数字注明。

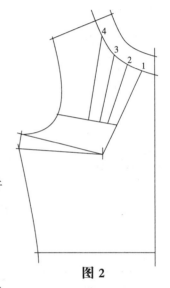

图3

3. 展开纸样并画顺纸样，如图虚线示。

图4

4. 用另一张纸复制分离纸样，并标出缩褶符号。

图1

图4

图2

图3

在上衣片缩褶的设计中，切展线的间距是由线条的数量来决定的，线条越少，线的间距就越大，当然，首先要确定面料的性能和所完成缩褶量的长短多少而定。

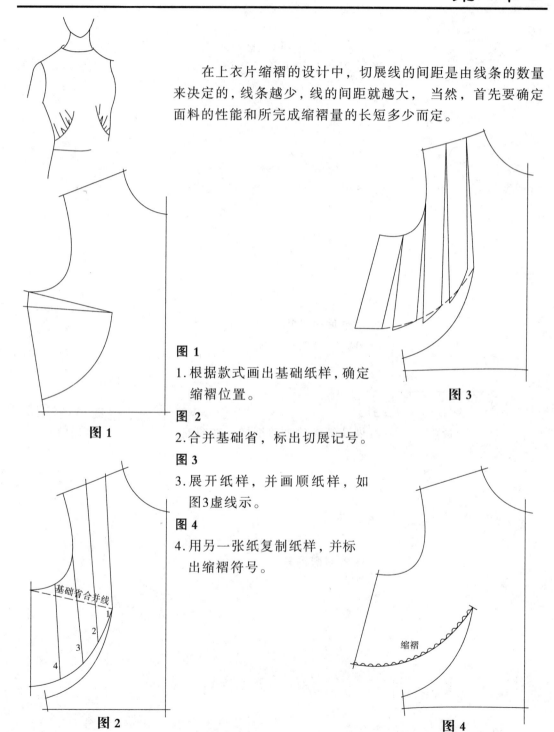

图 1
1. 根据款式画出基础纸样，确定缩褶位置。

图 2
2. 合并基础省，标出切展记号。

图 3
3. 展开纸样，并画顺纸样，如图3虚线示。

图 4
4. 用另一张纸复制纸样，并标出缩褶符号。

图 1

基础省合并线

图 2

缩褶

图 3

图 4

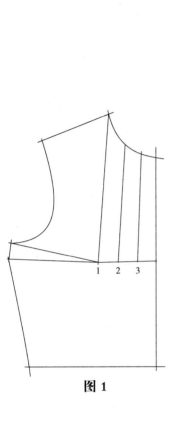

图 1

图 1
1. 画好基础纸样，标出
   要切展的分割线。

图 2
2. 合并基础省，展开纸
   样，并画顺纸样，如
   图虚线示。

图 3
3. 用另一张纸复制纸样
   并标出缩褶符号。

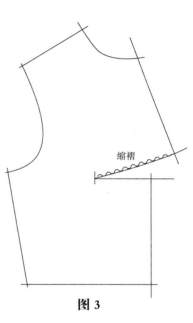

图 3

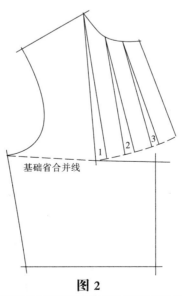

图 2

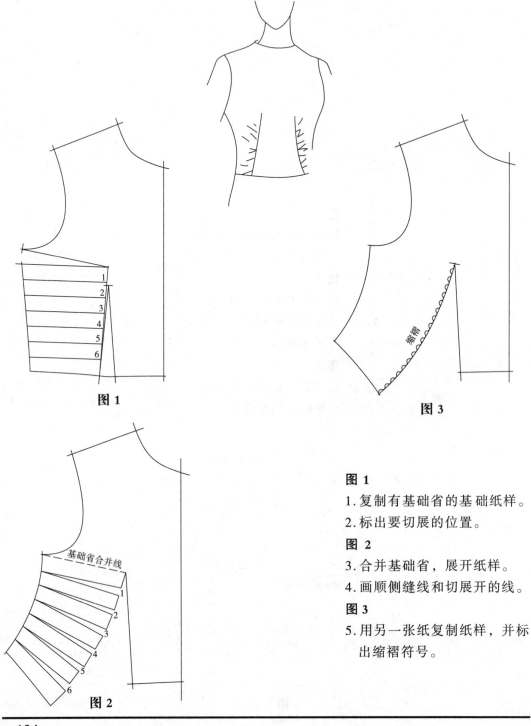

图 1

图 3

图 2

图 1

1.复制有基础省的基础纸样。

2.标出要切展的位置。

图 2

3.合并基础省，展开纸样。

4.画顺侧缝线和切展开的线。

图 3

5.用另一张纸复制纸样，并标出缩褶符号。

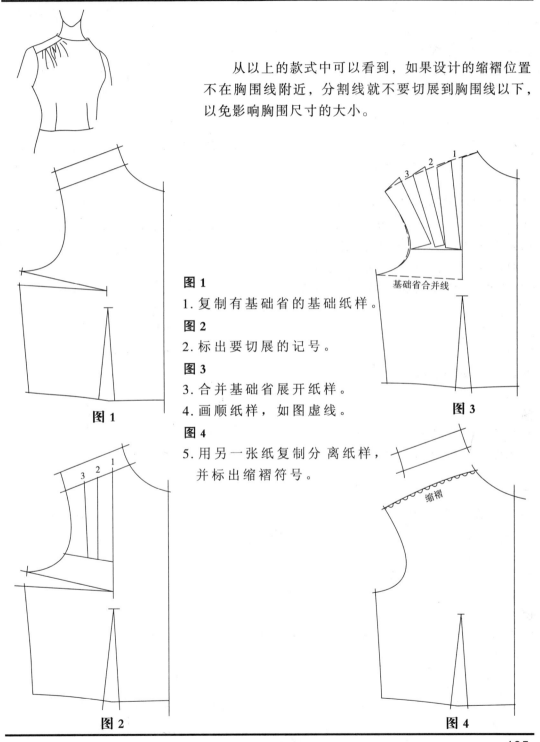

从以上的款式中可以看到，如果设计的缩褶位置不在胸围线附近，分割线就不要切展到胸围线以下，以免影响胸围尺寸的大小。

基础省合并线

缩褶

图 1

1.复制有基础省的基础纸样。

图 2

2.标出要切展的记号。

图 3

3.合并基础省展开纸样。

4.画顺纸样，如图虚线。

图 4

5.用另一张纸复制分离纸样，并标出缩褶符号。

图 1

图 2

图 3

图 4

宽褶的纸样转移根据款式造型的需要，首先，考虑把基础省的省量转移，如果不行，那么只能平移展开纸样，展开的褶量可设计成折裥、褶裥等各种形式。下面将讨论这几种褶裥的结构变化。

此款为单侧工字褶造型。

图1

1. 复制有基础省的基础纸样(前整幅)。
2. 标出要展开的标记点并与BP点连接。

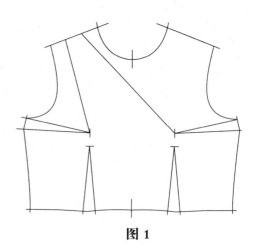

图1

图2

3. 合并基础省得到新的省量。
4. 如果褶的位置不在理想的位置，可重新调整其位置。
5. 折叠工字褶，画顺肩缝线。

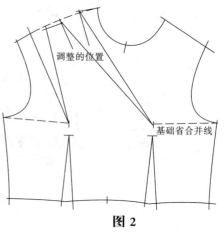

图2

图3

6. 用另一张纸复制纸样，标出工字褶的倒向符号。

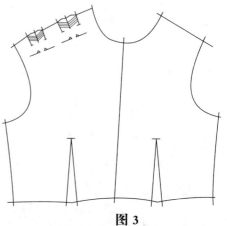

图3

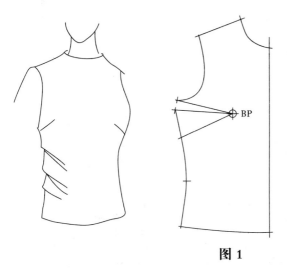

图 1

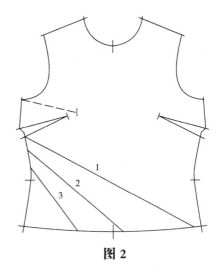

图 2

图 1

1. 画好有基础省的全身基础纸样。
   作出侧胸省的位置与BP点连接。

图 3

3. 展开纸样用透明胶粘好。
4. 向上折叠纸样，并修正，画顺脚
   围线。

图 2

2. 转移基础省得到侧胸省，复制另
   一边前片纸样，并标出要切展的
   记号。

图 4

5. 用另一张纸复制纸样，标出顺风
   褶倒向符号。

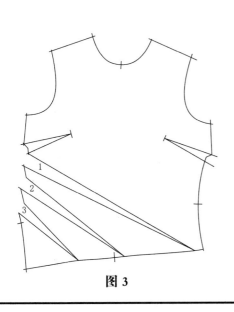

图 3

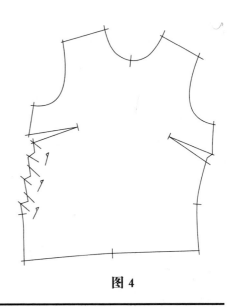

图 4

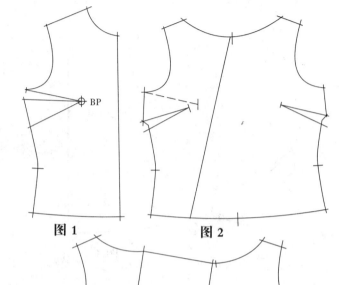

图 1   图 2

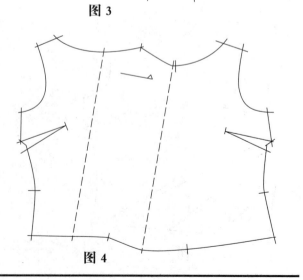

图 3

图1

1.画好有基础省的全身基础纸样，作
出侧胸省的位置与BP点连接。

图2

2.转移基础省得到侧胸省，复制另一
边前片纸样，并标出要切展的记号。

图3

3.平行展开纸样。

4.折叠纸样，并修正，画顺褶裥位领
圈和脚围线。

图4

5.用另一张纸复制纸样，并标出褶子
的倒向符号。

图 4

宽褶在上衣片的纸样变化

图 1   此款为顺风褶造型

1.画好有基础省的基础纸样。

图 2

2.画出叠门线、筒宽位置和要展
   开的分割线记号。

图 3

3.找出其中一条离BP点最近的分
   割线，把基础省转移进去。

图 4

4.平面展开分割线，展开的量是
   褶距的二倍。

5.折叠褶位并画顺如图虚线示。

图 5

用另一张纸复制纸样，标出顺风
褶符号。

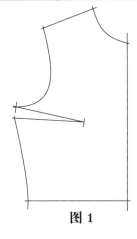

图 1

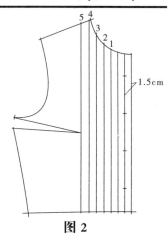

图 2

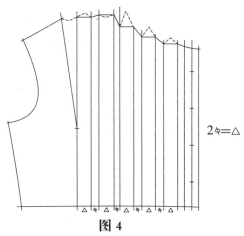

$2 \diamond = \triangle$

图 4

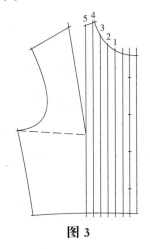

图 3

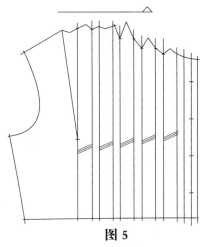

图 5

领子

领子在设计中虽然占服装的局部却是服装的显著部位，同时这个部位决定着服装造型的格调和风格。

在多彩多姿的衣领变化中，衣领大致可分为无领、坦领、立领、翻驳领等。

无领子的领圈变化——圆领、方形领

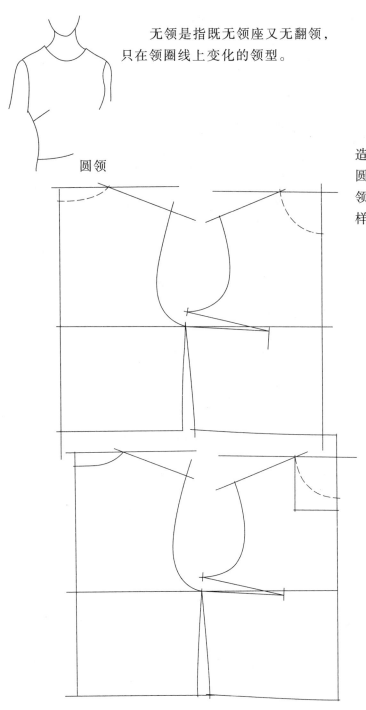

无领是指既无领座又无翻领，只在领圈线上变化的领型。

圆领

圆领在服装中是比较常见造型：多用于T恤、连衣裙等，圆领可根据设计的要求，领横、领深都可调节变化。如，基础纸样的领圈就是标准的圆领造型。

方形领

一字领

    在前后领横处同时开大到需要的数值。前领深保持不变，后领深随数值的变化而变化。

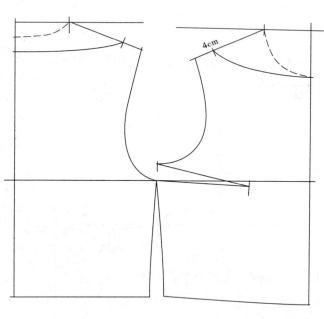

V形领

    V形领一般只需把前领深开深或根据设计V形的大小而变化。

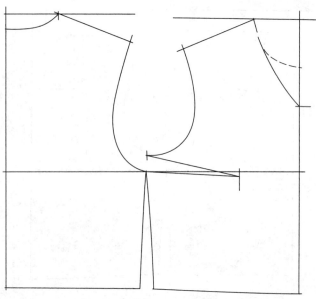

坦领的结构原理

坦领具有翻领的特点，但坦领的领座很低，通常在1cm以下。低领座的造型使外围线平贴在肩部，领面平整、成型的坦领，轻快、活泼。

1．复制基础纸样，纸样前领深开深1cm。
2．重叠前后肩缝线袖笼位2cm。
3．前领深处量出1cm。
4．确定领高及前领边线并划顺领子。

翻领的平面效果(结构图)与立体效果(在人体上)往往有差异，尤其是翻领较宽的领子外围线不是过紧就是过松，一般情况下，都应该用坯布在人台上试效果，其一检验领子的成型立体效果，其二检验领子外围线的松紧程度。如有需要可在肩缝处附近剪开或折叠。

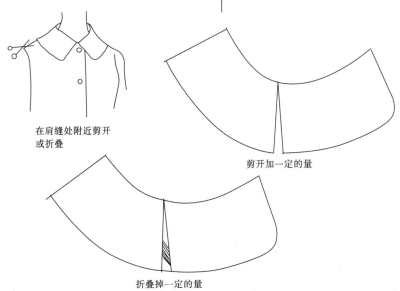

在肩缝处附近剪开或折叠

剪开加一定的量

折叠掉一定的量

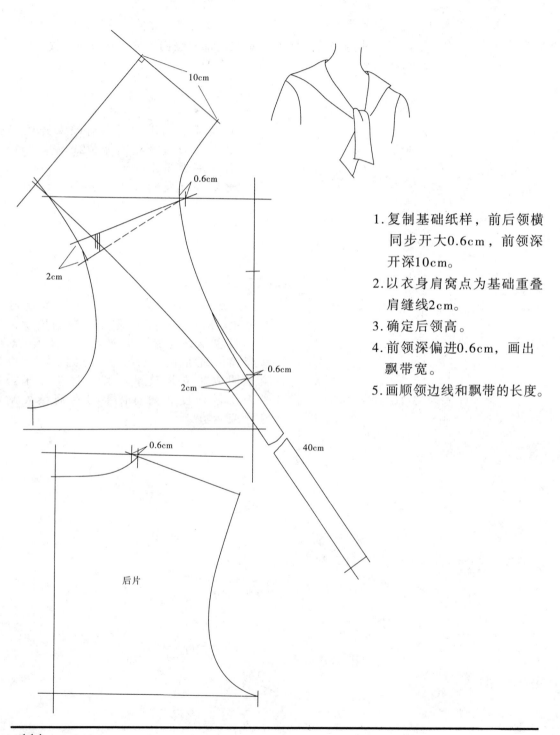

1. 复制基础纸样，前后领横同步开大0.6cm，前领深开深10cm。
2. 以衣身肩窝点为基础重叠肩缝线2cm。
3. 确定后领高。
4. 前领深偏进0.6cm，画出飘带宽。
5. 画顺领边线和飘带的长度。

坦领的变化——荷叶领

第2节 B

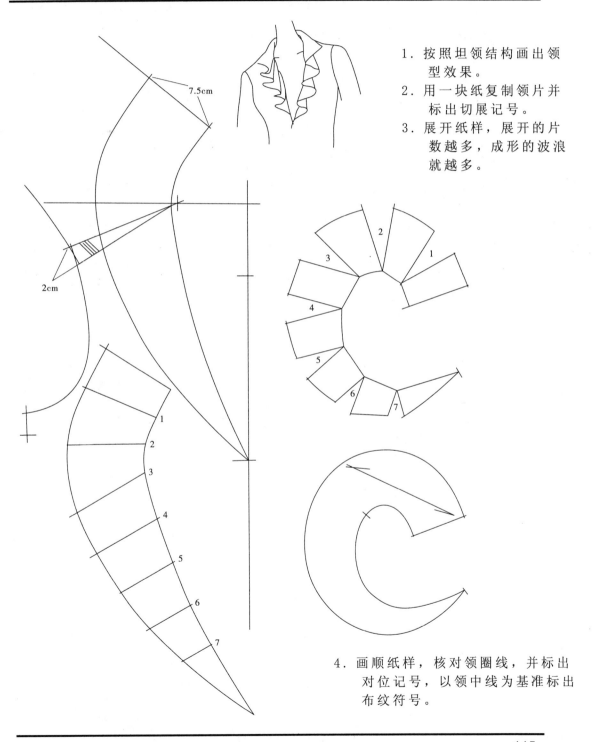

1. 按照坦领结构画出领型效果。
2. 用一块纸复制领片并标出切展记号。
3. 展开纸样，展开的片数越多，成形的波浪就越多。

7.5cm

2cm

4. 画顺纸样，核对领圈线，并标出对位记号，以领中线为基准标出布纹符号。

立领是指无翻领只有领座的领，立领开口可设计前中、后中或偏左偏右，在基础领圈上配置的立领，这种立领称为基础立领。

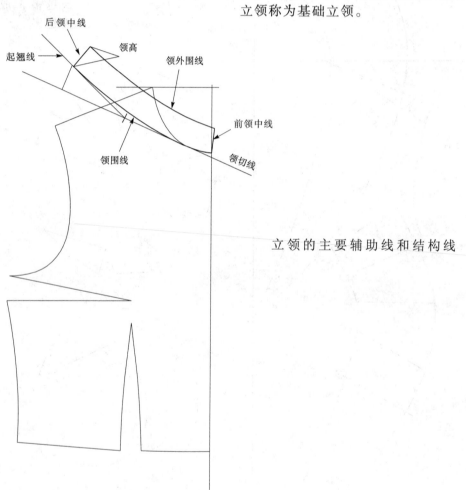

立领的主要辅助线和结构线

立领的结构原理

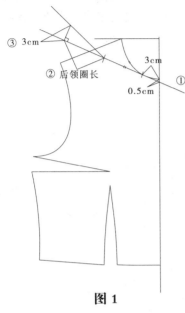

图1

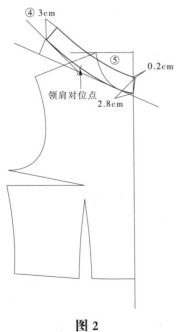

图2

图 1

1. 前领深下落0.5cm，领圈线上量 3cm两点连接画出领切线。
2. 量前后领圈尺寸，确定领肩对位点。
3. 在领切线上垂直3cm作出领翘势。

图 2

4. 画顺领圈线，调整领肩对位点，量出后领圈长确定后中领高。
5. 确定前领中线，画顺领外围线。

立领的结构原理

通过前面的内容我们知道，影响领外围线的因素是由领圈线的翘势来决定，领围线的翘式越大，领外围线就越短，则越贴近脖颈，呈合体状，反之则成不合体状松身造型。

通过纸样展开和折叠，可以看到领外围线长短和翘势的变化。

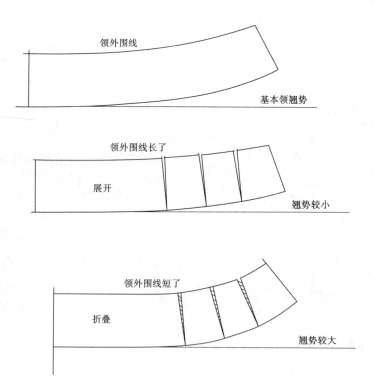

立领的结构原理

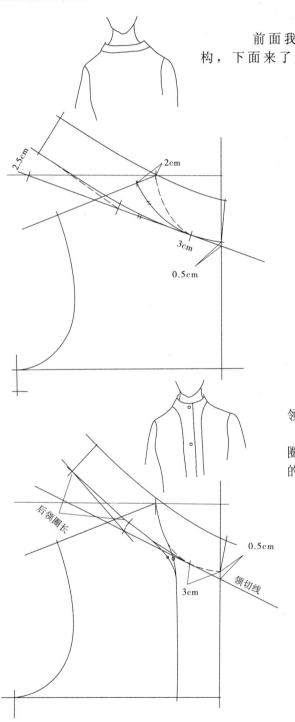

前面我们讲解了基础纸样，领圈无变化的立领结构，下面来了解领横、领深变化的立领。

领深不变，领横开大2cm：

1. 离中线3cm作出领切线，并作出前领圈长、后领圈长记号。
2. 作出翘势，划顺领圈线。
3. 依次定出后领中线、领外围线。

领横不变，领深作任意变化：

首先我们可以把它看成一个标准领圈立领。其次才考虑它只是分割线分割的关系，方法同标准领圈立领一样。

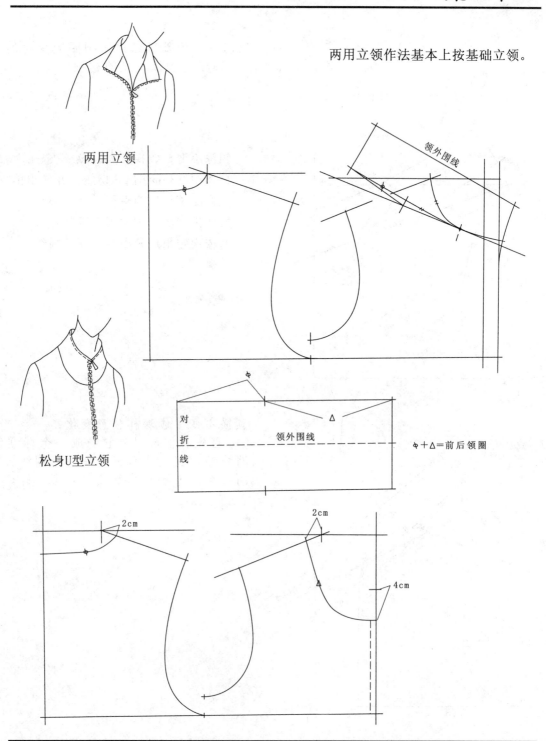

两用立领

松身U型立领

两用立领作法基本上按基础立领。

领外围线

对折线

领外围线

φ+△=前后领圈

2cm

2cm

4cm

立领的变化——两用立领、松身U型立领

　　领子一般由领面、领底组成,正常情况下领面、领底都要加衬。立领领面、领底的布纹线可直或横或45°斜裁。

　　从以上两款我们可以看到这两款的领外围线与前面几款的外围线明显不同,前几款的领外围线都是弧形,而这两款的外围线是很直的,根据这种情况,可以把领外围线设计为双口。

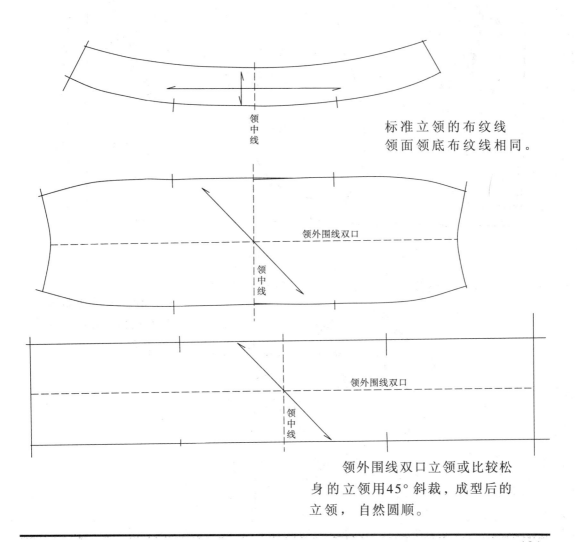

标准立领的布纹线
领面领底布纹线相同。

领外围线双口立领或比较松
身的立领用45°斜裁,成型后的
立领, 自然圆顺。

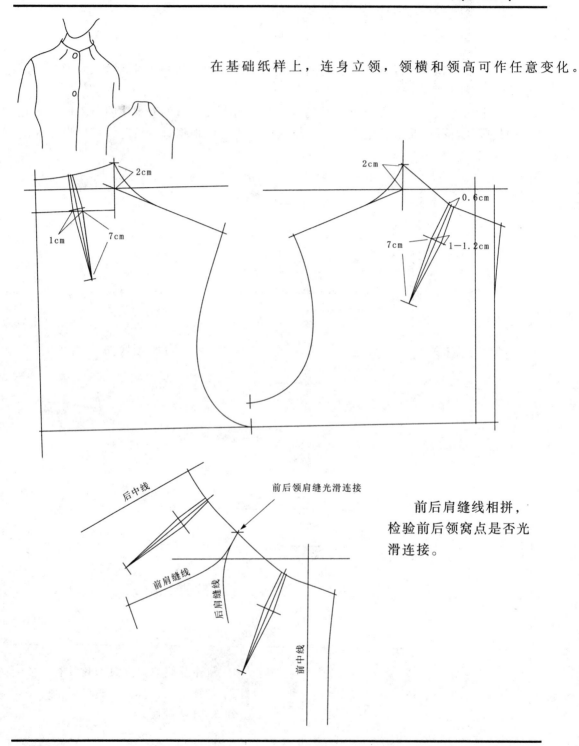

在基础纸样上，连身立领，领横和领高可作任意变化。

前后肩缝线相拼，检验前后领窝点是否光滑连接。

立领的变化——连身立领

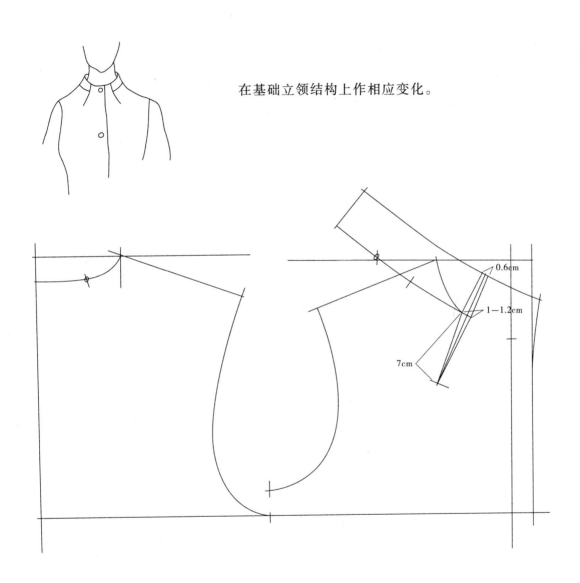

在基础立领结构上作相应变化。

0.6cm

1—1.2cm

7cm

翻领的结构原理

第4节

具有领座的领统称翻领，翻领有连领脚和断领脚之分，任何一种翻领都可做成连领脚或断领脚。首先来分析连领脚翻驳领的结构原理。

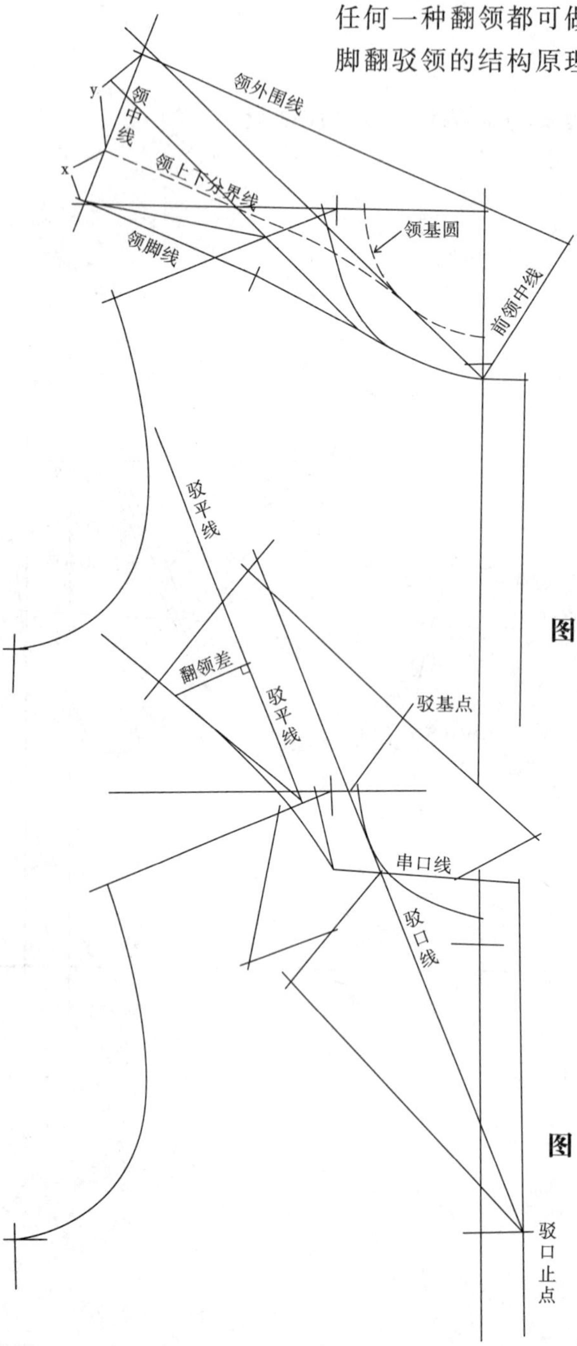

领外围线
y
领中线
x
领上下分界线
领基圆
领脚线
前领中线
驳平线
翻领差
驳平线
驳基点
串口线
驳口线
驳口止点

图 1

图 2

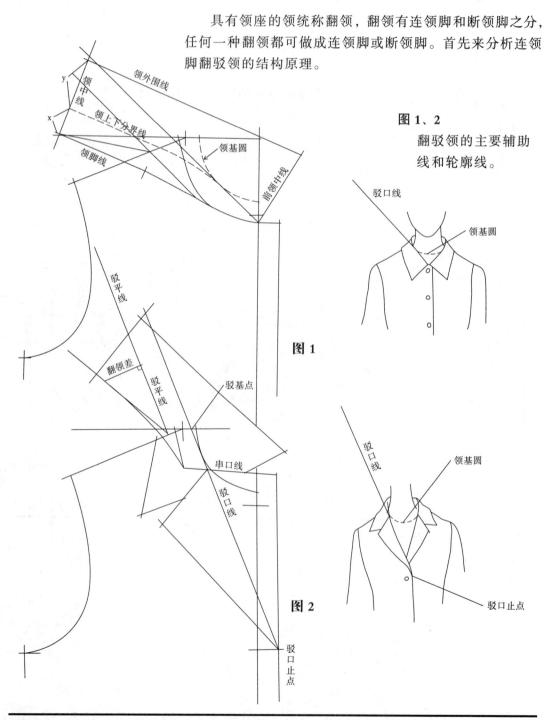

图 1、2

翻驳领的主要辅助线和轮廓线。

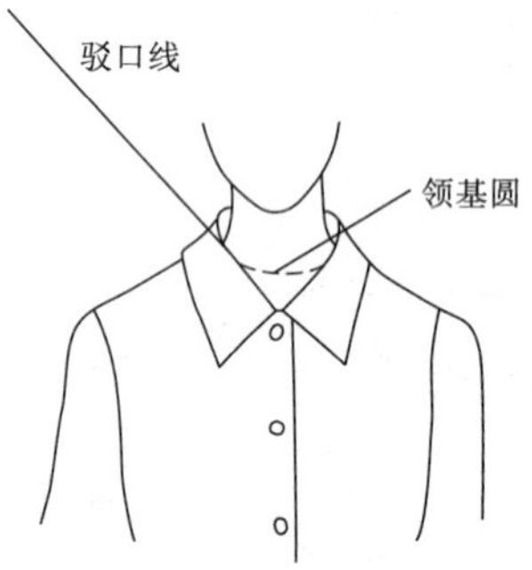

驳口线
领基圆

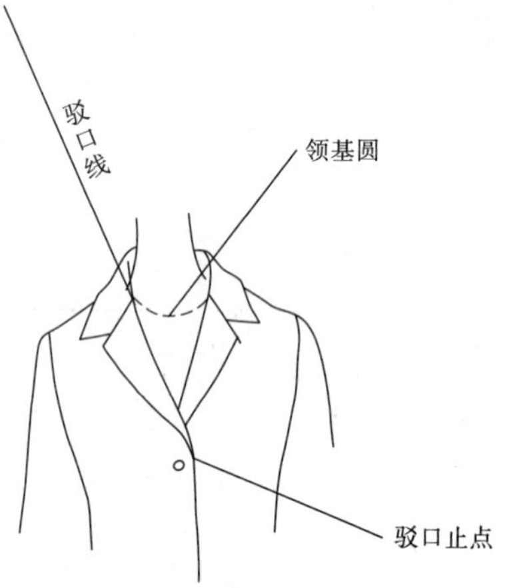

驳口线
领基圆
驳口止点

翻领的结构原理

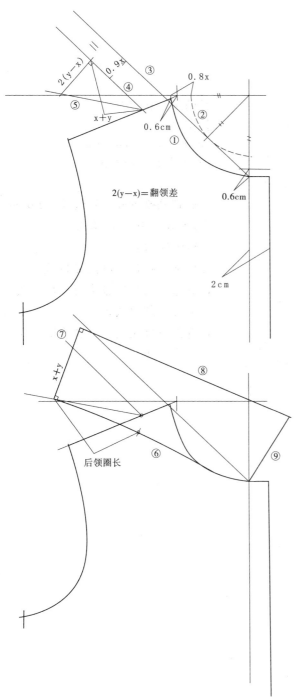

2(y−x)＝翻领差

后领圈长

关门领结构设计
假设尺寸
y表示上领　y=5cm
x表示下领　x=3cm

1. 复制基础纸样，领横开大0.6cm，
    前领深挖深0.6cm。
2. 上平线肩窝点量0.8x作领基圆。
3. 驳口点与领基圆相切为驳口线。
4. 0.9x作出驳平线与驳口线平行。
5. 量出领高x+y,确定翻领差2(y−x)。

6. 标出领肩对位点，确定后领中点
    并画顺领脚线。
7. 作出后中领高x+y。
8. 画出领外围线。
9. 确定前领中线。

翻领的结构原理

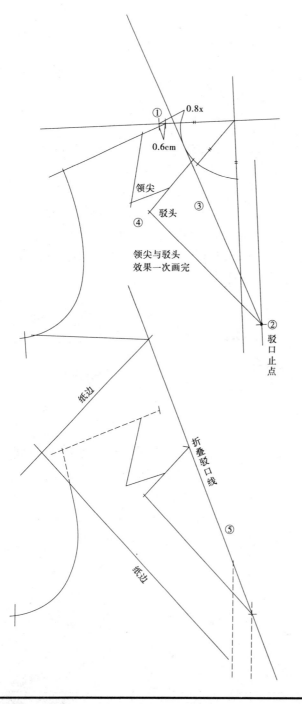

开门领结构设计
假设尺寸
y表示上领　y=4.5cm
x表示下领　x=3cm

1. 复制基础纸样，领横开大0.6cm
   量0.8x，作出领基圆。
2. 确定驳口止点。
3. 与领基圆相切画出驳口线。
4. 根据款式画出驳头宽、串口线、
   领尖的翻驳效果。
5. 折叠驳口线复制，驳头宽、串
   口线、领尖。

翻领的结构原理

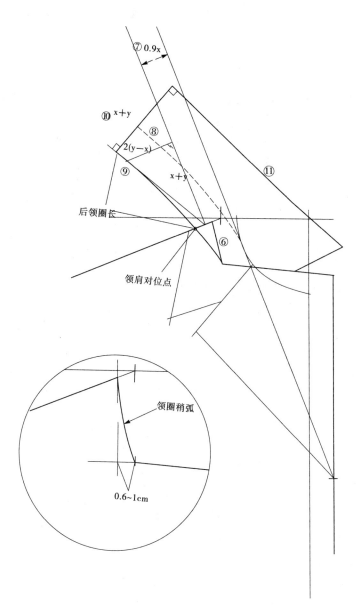

6.前领口与串口线相连。

7.平行驳口线0.9x画出驳
  平线。

8.驳平线肩点处外量x+y
  确定翻领差2(y−x)。

9.画顺领脚线并确定领肩
  对位点、后领中点。

10.确定后中领高x+y。

11.依次确定领外围线、前
  领角线。

翻领的结构原理

在翻驳领的结构中，我们看到它的驳口线总是过领基圆切线，那么怎样来确定变化中领圈的领基圆。

其一，前领深大于领横的领基圆可如图1确定。

其二，当前领深小于领横的领基圆可照图2确定。

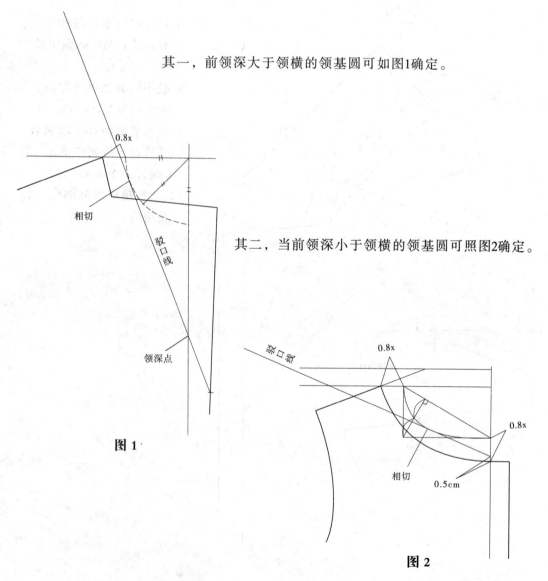

图 1

图 2

翻领的结构原理

翻领与翻驳位的损耗加放

领子是由领面与领底组成，通常翻驳领领面比领底多出0.3～0.8左右，才能满足领子自然翻出贴服。同样道理，翻驳位是挂面和同片组成。所以翻驳位相应的加出0.3cm左右。当然，加出的翻领与翻驳位的损耗量在缝制时，要把损耗量溶掉，否则加出的损耗量无意义。

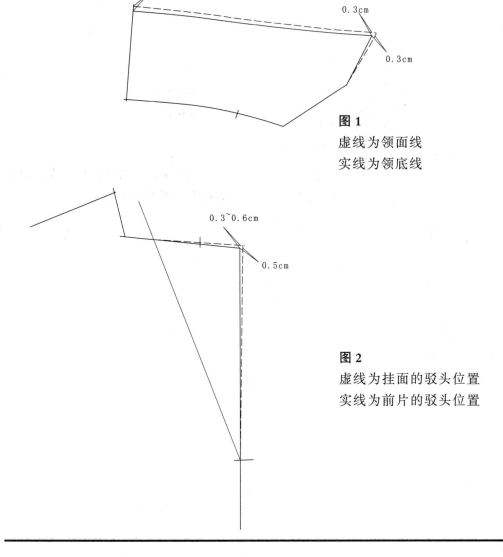

图1
虚线为领面线
实线为领底线

图2
虚线为挂面的驳头位置
实线为前片的驳头位置

西装领是翻领的一种，西装领有它特有的驳头和领缺角，和两者连成接缝的串口。是应用最广泛的一种领子。

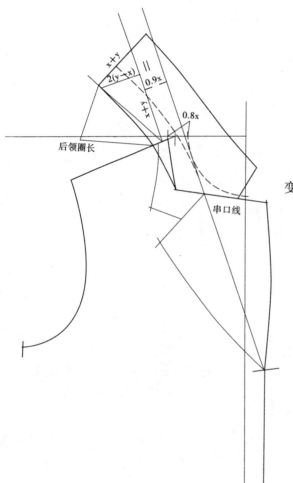

$y=4.5cm$

$x=3cm$

左图款为按翻驳领结构进行调节变化而成平驳头西装领。

后领圈长

串口线

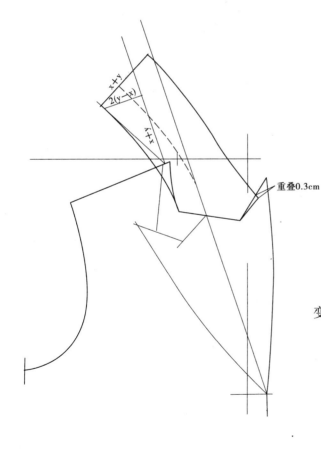

重叠0.3cm

y＝4.5cm

x＝3cm

左图款为按翻驳领结构进行调节变化而成枪驳头西装领。

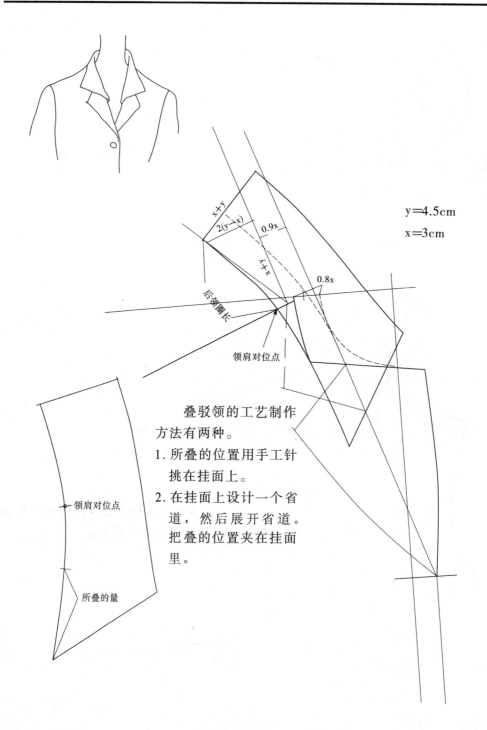

y=4.5cm

x=3cm

x+y

2(y-x)

0.9x

A+x

0.8x

后领圈长

领肩对位点

　　叠驳领的工艺制作
方法有两种。
1. 所叠的位置用手工针
　挑在挂面上。
2. 在挂面上设计一个省
　道，然后展开省道。
　把叠的位置夹在挂面
　里。

领肩对位点

所叠的量

装领脚的结构原理

首先，装领脚的结构必须建立在连领脚结构基础上，然后进行分解，才能得到装领脚的翻领，常见的方法有两种，其一完全从领上下分界线断开，如衬衫领、中山装领，其二，离分界线1cm左右处断开。

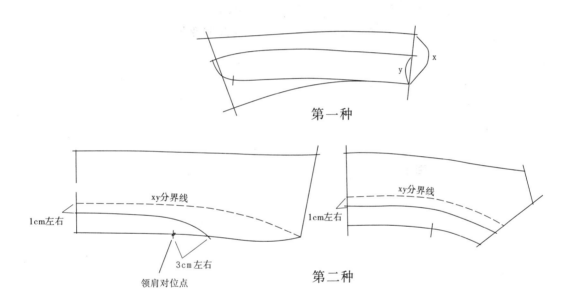

第一种

第二种

装领脚的结构原理

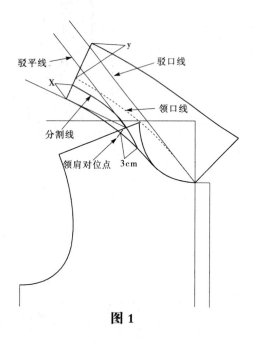

驳平线

驳口线

X

y

领口线

分割线

领肩对位点

3cm

图 1

图 1
1.建立连领脚结构，沿领口线1cm画
出领脚分割线。
图 2
2.领脚变形。
图 3
3.翻领变形。

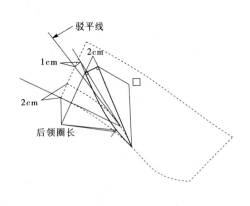

驳平线

2cm

1cm

2cm

□

后领圈长

图 2

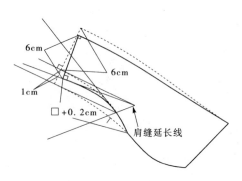

6cm

6cm

1cm

□+0.2cm

肩缝延长线

图 3

翻领驳口线的变化

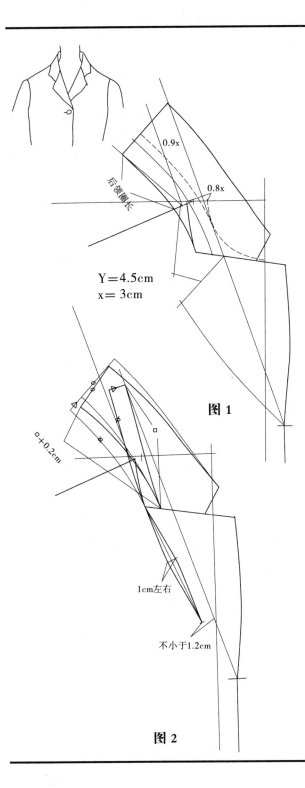

后领圈长

0.9x

0.8x

Y＝4.5cm
x＝3cm

图 1

□＋0.2cm

1cm左右

不小于1.2cm

图 2

从前面的款式中我们可以看到它们的驳口线都是直的，如何把驳口线处理成弧形。那么就要通过收省把驳口线处理成弧形。

图 1

按照翻领结构画出连领脚结构。

图 2

按照断领脚结构画出上下级领子，然后在前领圈与串口线交接处设计一省道。

翻领驳口线的变化

驳口线较直的驳领

y=4.5cm

x=3cm

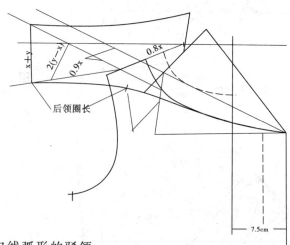

后领圈长

x+y

2(y-x)

0.9x

0.8x

7.5cm

驳口线弧形的驳领

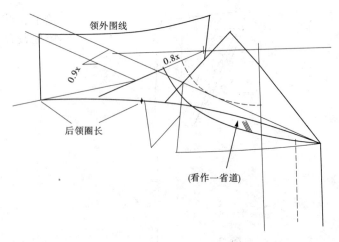

领外围线

0.9x

0.8x

后领圈长

(看作一省道)

衬衫领、中山装领

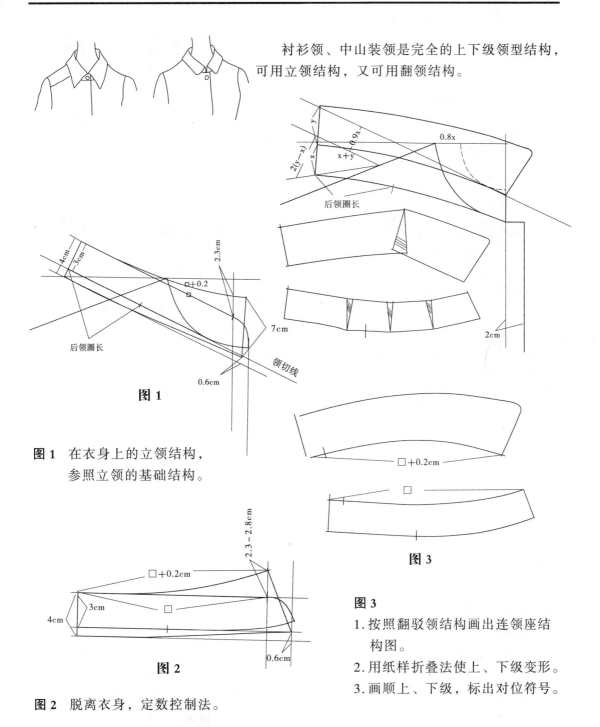

衬衫领、中山装领是完全的上下级领型结构，可用立领结构，又可用翻领结构。

图1

图 1 在衣身上的立领结构，参照立领的基础结构。

图 2

图 2 脱离衣身，定数控制法。

图 3

图 3

1.按照翻驳领结构画出连领座结构图。

2.用纸样折叠法使上、下级变形。

3.画顺上、下级，标出对位符号。

连领青果领的变化

连领也是一种翻领，基本具备了翻驳领的结构特征，它的领子通常与挂面连在一起。

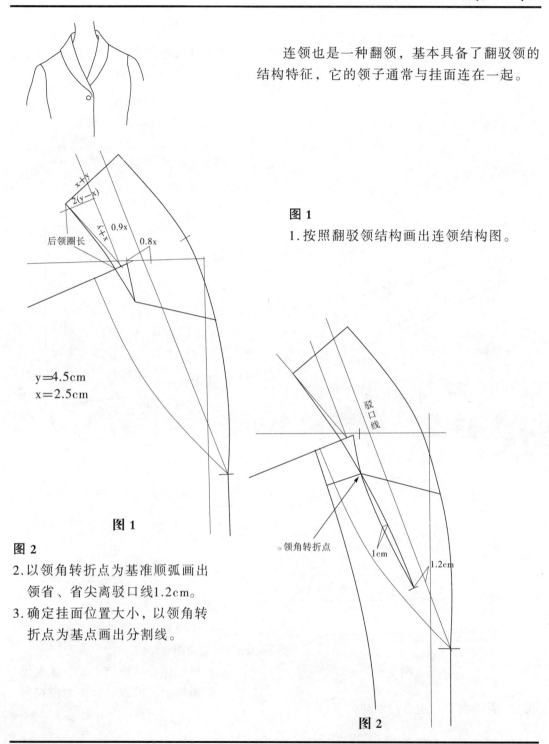

图 1

1.按照翻驳领结构画出连领结构图。

y=4.5cm
x=2.5cm

图 1

图 2

2.以领角转折点为基准顺弧画出领省、省尖离驳口线1.2cm。

3.确定挂面位置大小，以领角转折点为基点画出分割线。

图 2

连领青果领的变化

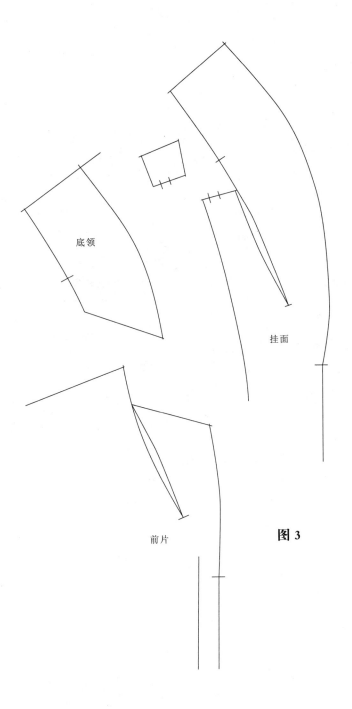

底领

挂面

前片

图 3

图 3

4. 分离纸样，挂面连领加
   出损耗。
   损耗加放，请参阅本章
   第四节翻领与翻驳位的
   损耗加放。
5. 标出所有的对位记号。

连领青果领的变化

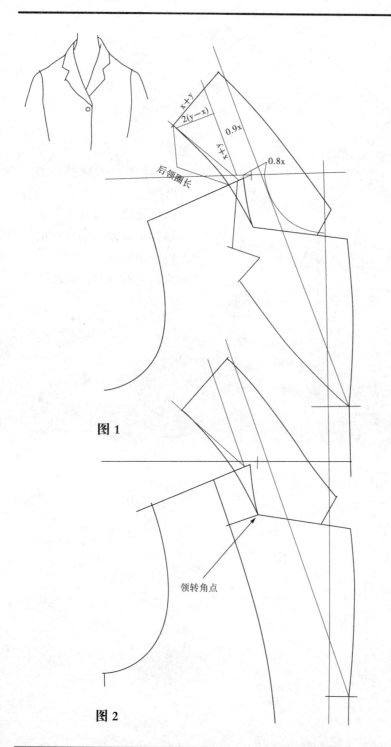

y=4.5cm
X=3cm

图 1

图1
1. 按照翻驳领结构画
   出连领结构图。

图2
2. 画出挂面位置。
3. 确定领转角点并画
   出分割线。

图 2

后领圈长

领转角点

x+y

2(y−x)

0.9x

4+x

0.8x

140

连领青果领的变化

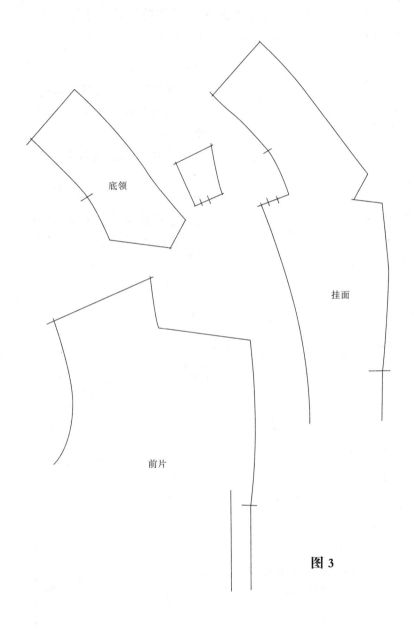

底领

挂面

前片

图 3

图 3

4. 分离纸样，挂面连领加出损耗。损耗加放，请参阅本章第四节翻领与翻驳位的加放。

5. 标出所出的对位记号。

垂领包括荡领和环领，但它们的结构特征是一样的，只不过是以面料厚薄的特性来形成是环状或荡状。

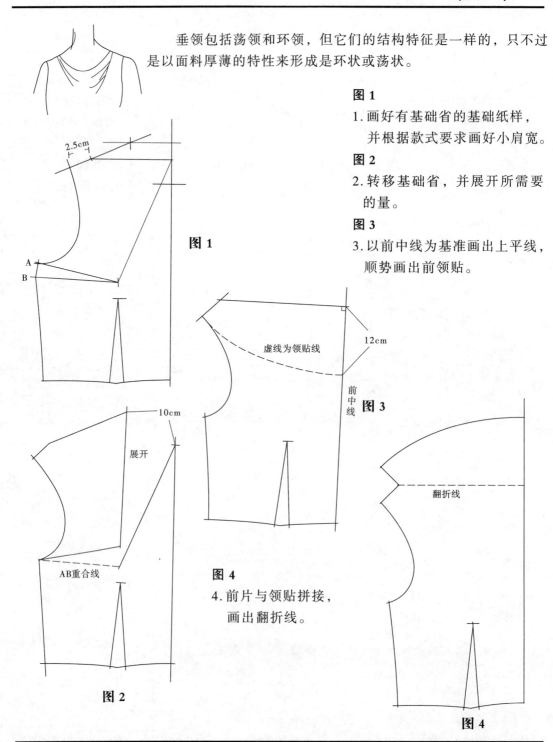

图 1

1. 画好有基础省的基础纸样，并根据款式要求画好小肩宽。

图 2

2. 转移基础省，并展开所需要的量。

图 3

3. 以前中线为基准画出上平线，顺势画出前领贴。

2.5cm

A
B

图 1

10cm

展开

AB重合线

图 2

虚线为领贴线

12cm

前中线

图 3

翻折线

图 4

4. 前片与领贴拼接，画出翻折线。

图 4

帽子具有御寒和装饰两大功能，帽子可连可脱，下面我们讨论帽子的结构方式。

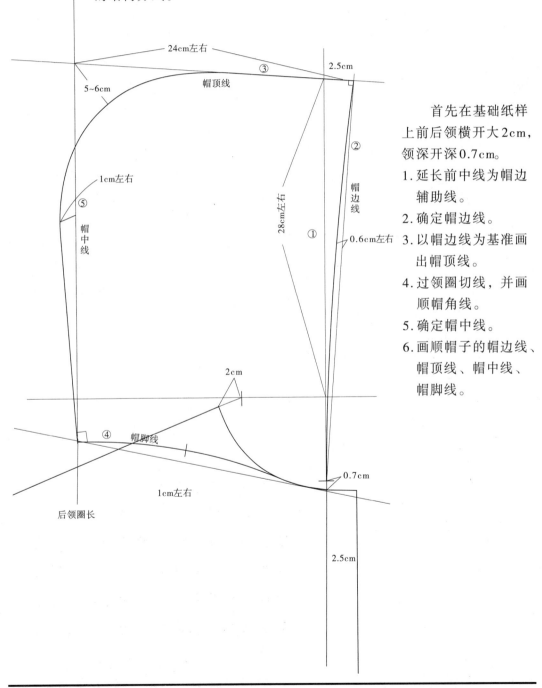

首先在基础纸样上前后领横开大2cm，领深开深0.7cm。

1. 延长前中线为帽边辅助线。
2. 确定帽边线。
3. 以帽边线为基准画出帽顶线。
4. 过领圈切线，并画顺帽角线。
5. 确定帽中线。
6. 画顺帽子的帽边线、帽顶线、帽中线、帽脚线。

袖子

袖子是服装构成的一部分，袖子的基础结构大致分为两大类，即圆装袖和联身袖，袖子的式样造型很多，从宽松到合体，从装袖到连身袖，从长到短，不管那一种袖子，基本上都可从基础结构中变化而成。

袖子的基本轮廓线及结构点的说明

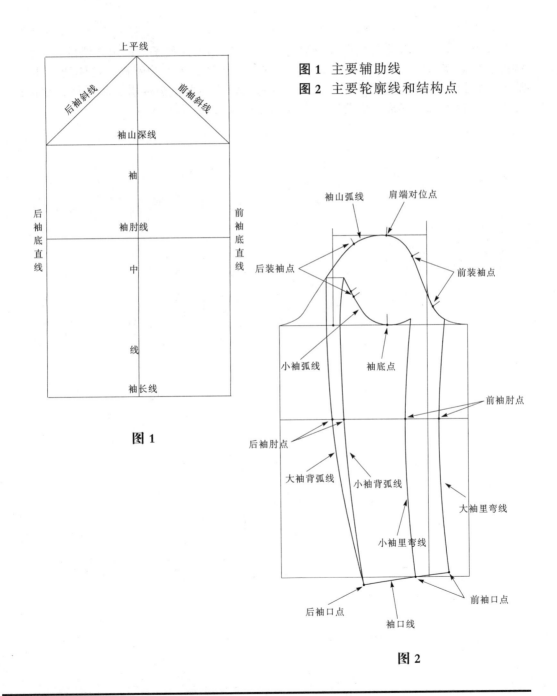

图1 主要辅助线

图2 主要轮廓线和结构点

图1

上平线

后袖斜线　前袖斜线

袖山深线

后袖底直线　袖　袖肘线　中　线　袖长线　前袖底直线

图2

袖山弧线　肩端对位点

后装袖点　前装袖点

小袖弧线　袖底点

前袖肘点

后袖肘点

大袖背弧线　小袖背弧线

大袖里弯线

小袖里弯线

后袖口点　袖口线　前袖口点

袖子结构原理的说明

一、袖山高与袖型

袖山高是指上平线至袖山深线的高度，袖型是指袖子的宽松到合体的袖子外型，我们知道袖子的袖山是装配在衣身袖笼上，如图1，因此袖子的袖山弧线的来源依据就是衣身袖笼AH，如图2。纵观袖子的基础结构造型，无非为宽松、适体到合体三种造型，宽松型造型常用于衬衫、连衣裙等服装，适体型结构常用于茄克衫、春秋衫等服装，合体型结构常用于西服、大衣类等服装。

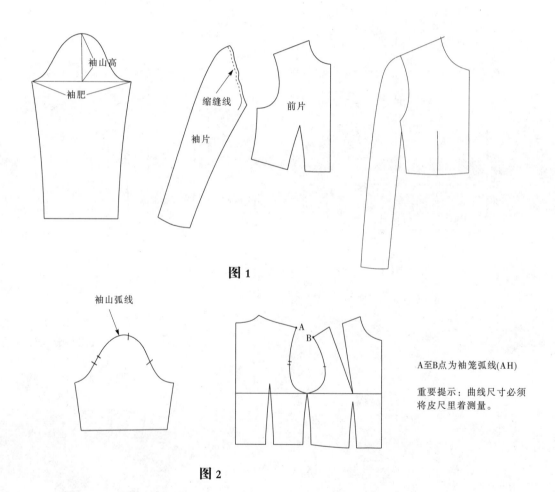

图1

图2

A至B点为袖笼弧线(AH)

重要提示：曲线尺寸必须将皮尺里着测量。

袖子结构原理的说明

二、袖山高与袖肥

袖子的宽松和合体是由袖肥和袖山高来决定，在AH相等的情况下，袖肥越大，侧袖山越低，从而便于手臂活动，袖子呈宽松型，反之袖肥越小，则袖山越高，从而袖子的成型效果越好，但不利于手臂活动，袖子呈合体型

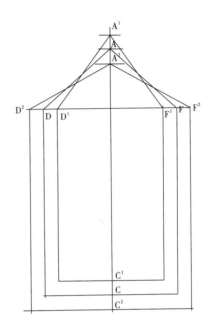

AC 袖长
AF 前袖斜线
AD 后袖斜线
DF 袖肥

三、袖笼弧长与袖肥的确定

袖山高与袖肥的结构依据是袖笼弧长(AH)，那么如何确定袖笼弧长就成了制约袖子成型的关键因素。根据实际经验证明，袖笼弧长应控制在胸围/2为宜。同样道理，正因为有了袖肥的大小才能袖笼弧长得出袖山的高度。袖肥尺寸应控制为宽松(0.2胸围+1.5cm)×2左右,适体0.2胸围×2左右,合体（0.2胸围−1.5cm)×2左右。

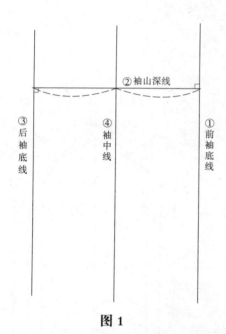

图1

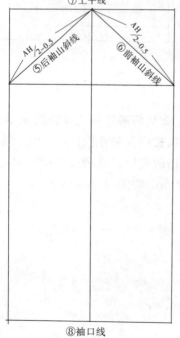

图2

一片式直袖属结构简单的袖型，多用于衬衫类的上装。

假设设计尺寸

袖笼弧长(AH) 44.5cm

袖长　　　　 58.5cm

袖肥　　　　 32cm

图1

1. 作一水平线为前袖底线。

2. 与前袖底线垂直，作出袖山深线。

3. 平行前袖底线或垂直袖山深线为后袖底线。

4. 取袖肥的中心点作出袖中线。

图2

5. 量AH/2-0.5cm后袖底袖肥处与上平袖中线相交作出后袖山斜线。

6. 量AH/2-0.5cm前袖底袖肥处与上平袖中线相交作出前袖山斜线。

7. 与袖肥线垂直作出上平线。

8. 上平线下量袖长作出袖口线。

袖子的结构原理——一片式直袖

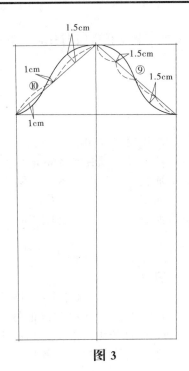

图3

图 3

9.前袖山斜线分成四等份，上端
出1.5cm，下端进1.5cm，连接
各点画出前袖山弧线。

10.后袖山斜线分成二等份，上端
出1.5cm中心出1cm,下端进1cm,
连接各点画出后袖山弧线。

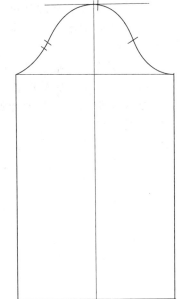

一片直袖完成图

图 4

图 4

11.标出前后对位记号。为区分前
后，前标单刀眼对位记号，后标
双刀眼对位记号。

袖子的结构原理——一片式合体袖

一片式合体袖结构严谨，成型效果自然弯曲贴身，它的结构完成依赖衣身袖笼。

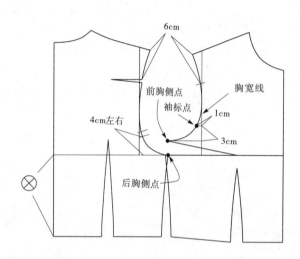

图 1

假设设计尺寸

袖笼弧长(AH)	46cm
袖长	59cm
袖肥	33cm
袖口	24.5cm

图 1

画袖子结构之前在前后袖笼弧线上标出前后对位记号，尤其前袖标点甚为重要，稍有不符就会影响袖子的整体效果。

图 2

1. 作一直线为前袖底辅助线。
2. 与前袖底辅助线垂直为袖山深线。
3. 袖山深线上量袖肥33cm与袖山深线垂直作出后袖底辅助线。
4. 复制前胸侧点、前袖笼弧线、前胸宽线、袖标点。
5. 复制后胸侧点、后袖笼弧线、后对位点。

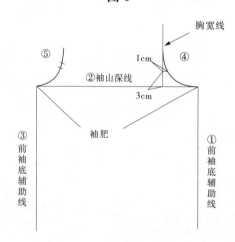

图 2

袖子的结构原理——一片式合体袖

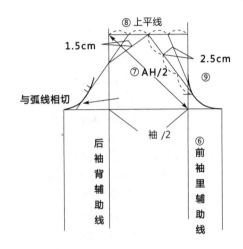

图 3

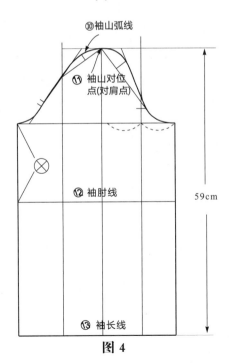

图 4

图3上的标注：

⑧上平线
1.5cm
2.5cm
⑦ AH/2
⑨
与弧线相切
袖 /2
后袖背辅助线
⑥前袖里辅助线

图4上的标注：

⑩袖山弧线
⑪袖山对位点(对肩点)
⑫袖肘线
⑬袖长线
59cm

图 3

6. 袖山深前袖里辅助线量袖肥/2平行作出后袖背辅助线。

7. 前袖里辅助线袖山深处量AH/2与后袖背辅助线相交作出上平线。

8. 上平线分成四等份，取等份与后弧线相连。

9. 前袖标点与上平线相连。

图 4

10. 曲线连接各点画出袖山弧线。

11. 测量出袖山对位点作垂线。

12. 量取衣身袖笼深的长度垂直前袖底辅助线作出袖肘线。

13. 上平线处量袖长尺寸作出袖长线。

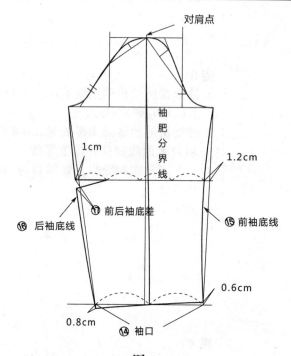

对肩点

1cm

1.2cm

袖肥分界线

⑯ 后袖底线

⑰ 前后袖底差

⑮ 前袖底线

0.6cm

0.8cm

⑭ 袖口

图 5

图 5

14. 袖山垂线偏前1.5cm作出袖肥分界线，袖肥分界线处为中心量出袖口尺寸24.5cm，前低落0.6cm后起翘0.8cm，曲线连接画出袖口线。

15. 前袖口点连接前袖底点，袖肘处进1.2cm画出前袖底线。

16. 后袖口点连接后袖底点，袖肘处出1cm画出后袖底线。

17. 袖肘宽分成四等份，取一等份用前后袖底线的差作出袖肘省，并画顺。

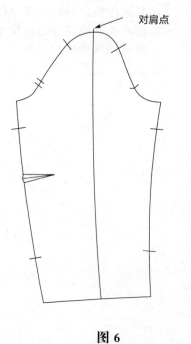

对肩点

图 6

图 6

18. 标出所有的对位记号。

袖子的结构原理——一片式合体袖

图 7

19. 以胸围线与袖肥线重叠，前袖山弧线与前袖笼弧线袖标点至胸侧点完全吻合。

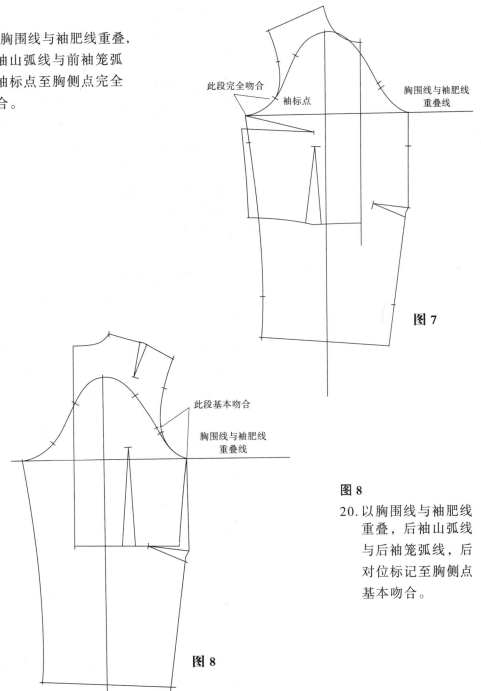

此段完全吻合

袖标点

胸围线与袖肥线重叠线

图 7

此段基本吻合

胸围线与袖肥线重叠线

图 8

20. 以胸围线与袖肥线重叠，后袖山弧线与后袖笼弧线，后对位标记至胸侧点基本吻合。

图 8

袖子的结构原理—— 一片式合体袖

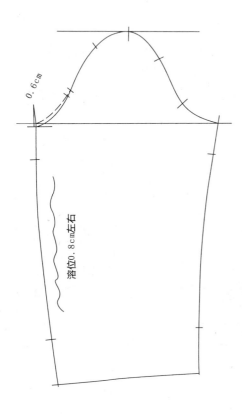

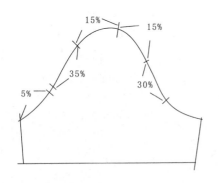

一、 袖肘省分析

通过以上我们对合体袖的了解，发现前袖底线与后袖底线的差可以设计袖肘省来完成，如果不设计袖肘省，那么如何才能解决前后袖底线的差，同前后肩缝一样，袖肘省也可以通过溶位来达到袖肘省效果，当然溶位的大小以布料的性能来决定。一般情况下溶位在0.8cm左右，下面来介绍袖肘省的溶位设计。

1. 在确定袖肥时，先低落0.6cm再复制**衣身的**后袖笼弧线。
2. 标出溶位记号以及对位标记。

二、 袖山溶位及分布

经实际经验证明，袖山溶位的相关因素有以下几个。

1. 袖笼弧长、袖笼越深则袖山弧线也**越长**，那么它的袖山溶位就越多，所以在**相同条件下，**袖笼弧长与袖山溶位成正比。
2. 子口倒向，子口倒向决定里外差。如子口倒向衣袖，那么溶位就多些，如果子口倒向衣身，则不溶位，甚至出现负溶位。
3. 布料性能：如有的面料性能需要的溶位多些，而有的面料则不能有太多的溶位。
   根据实际的工作经验，在正常情况下合体袖溶位控制在2-3.5cm。
   具体分配**如图所示**。

袖子的结构原理——两片式合体袖

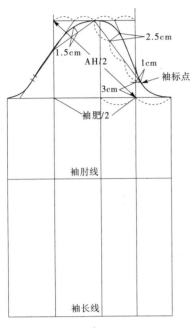

图 1

两片式合体袖是由一片式合体袖转变而来，通过大小袖的分片设计所得到的结构造型更加完美，服贴。

假设设计尺寸

袖笼弧长(AH)	46cm
袖长	59cm
袖肥	33cm
袖口	24.5cm

图 1

先按一片式合体袖原理画出袖山高、袖肥、袖肘线、袖长线。

图 2

1. 前袖里弯线袖肥处同时进出3cm确定前袖片分割线。

2. 后袖里弯线同时进出1.2cm，确定后袖片分割线。

3. 在分割线偏进0.7cm与袖肥线连接。

4. 以前后袖里弯线为中点折叠纸样复制前后弧线或复制衣身的前后袖笼弧线。

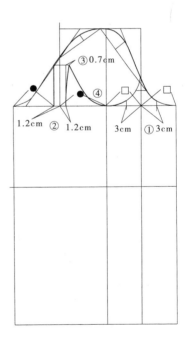

图 2

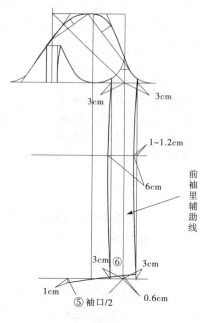

图 3

图 3

5. 以前袖里辅助线为基线，在袖长线上量袖口/2前低落0.6cm后起翘1cm曲线连接画出袖口线。

6. 前袖口点同时进出3cm，与袖肥处连接，袖肘处进1~1.2cm曲线画出前袖里弯线。

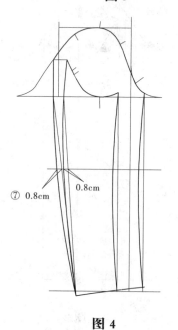

图 4

图 4

7. 后袖口点与袖肥处连接，袖肘处同时出0.8cm左右曲线连接画出后袖背弯线。

8. 根据前后袖笼弧线对位标记标出对位记号。

袖子的结构原理—— 两片式合体袖

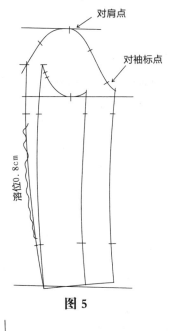

图5

图 5

9. 标出前袖里弯线和后袖背弯线
   的对位记号，并标出后袖背线
   溶位符号，溶位控制在 0.8cm
   左右。

图6

10. 成型后的胸围线与袖肥重叠，
    前胸宽线与前袖里弯线重叠，
    前袖标点与后双对位标记点。
    前后袖笼弧线完全吻合。

11. 如果袖型要偏前可调整前袖里
    弯线。

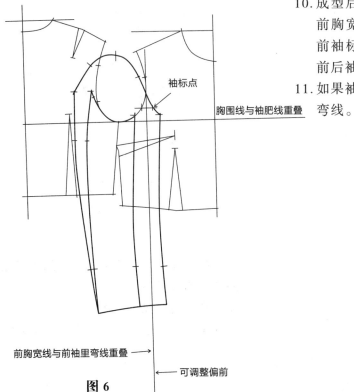

图6

157

两片式合体袖——袖偏量与袖偏省

袖偏量与袖偏省

女装两片式合体袖为了使袖缝不外露，通常前后袖缝都设计偏袖。前偏袖量一般在3cm左右，后偏量一般在1.2~2cm之间。如图1所示。

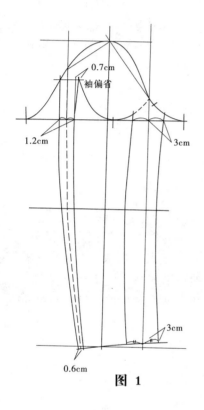

图 1

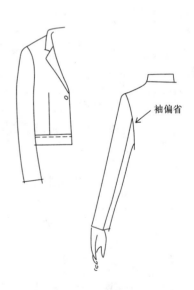

对于两片式合体袖因其结构严谨合体，稍有不慎就达不到理想的效果，因人体手臂在静态的情况下，稍稍向前弯曲，要使后袖偏线符合这一形态，就要插入袖偏省。

两片式合体袖——袖偏量与袖偏省

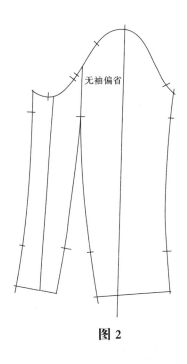

图2

从图2我们可以看到袖山弧线至袖肥处无袖偏省，大小袖片相拼比较平整，无袖偏省袖子成型后很容易出现窝式。而图3插入袖偏省，小袖的弧线完全符合人体的形态，成型效果自然流畅。

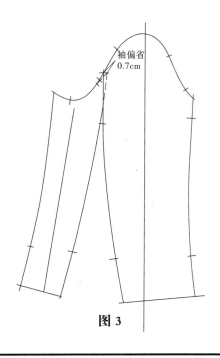

图3

女衬衫袖属于低袖山宽松式结构，一般有一个合体的袖克夫。

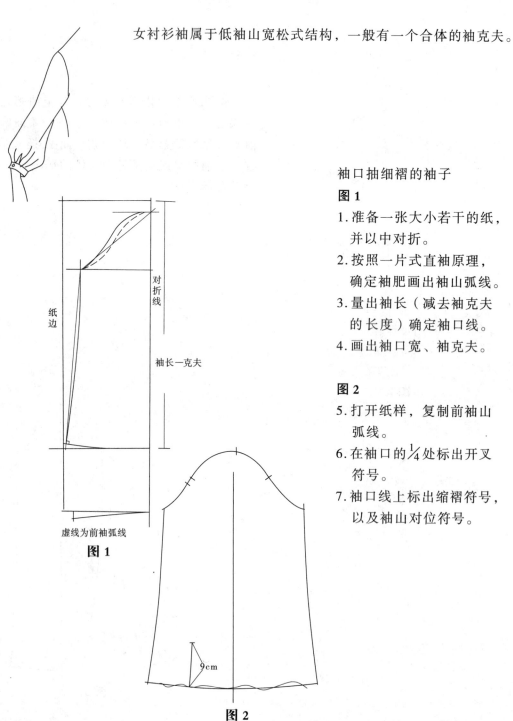

图1

袖口抽细褶的袖子

图1

1. 准备一张大小若干的纸，并以中对折。
2. 按照一片式直袖原理，确定袖肥画出袖山弧线。
3. 量出袖长（减去袖克夫的长度）确定袖口线。
4. 画出袖口宽、袖克夫。

图2

5. 打开纸样，复制前袖山弧线。
6. 在袖口的 $\frac{1}{4}$ 处标出开叉符号。
7. 袖口线上标出缩褶符号，以及袖山对位符号。

纸边

对折线

袖长—克夫

虚线为前袖弧线

9cm

图2

袖子的变化——女衬衫袖

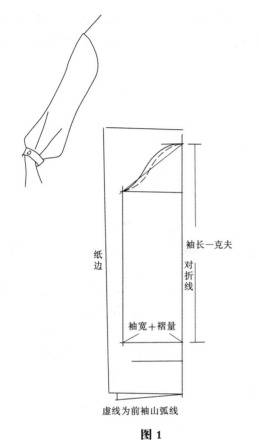

纸边

袖长一克夫

对折线

袖宽＋褶量

虚线为前袖山弧线

图1

图1

1. 准备一张大小若干的纸，以中对折。
2. 按照一片式直袖原理，确定袖肥，画出袖山弧线。
3. 量出袖长（减去袖克夫的长度），确定袖口线。
4. 量出袖宽尺寸，画出袖口宽（袖口宽+褶量）。

图2

5. 打开纸样，复制前袖弧线。
6. 画出袖叉位置（参考本章袖叉克夫一节）。
7. 画出褶距及褶量。
8. 折叠褶位，画出袖口弧线，前凸低凹0.5cm。

图3

9. 画顺袖口弧线。
10. 画出褶位倒向符号及袖山对位符号。

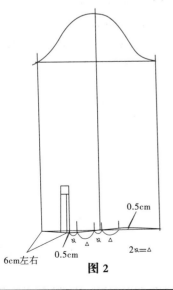

0.5cm

0.5cm

6cm左右

2☆=△

图2

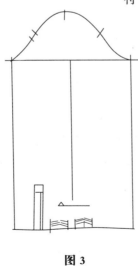

图3

袖克夫和袖级有明显的区分，女衬衫袖克夫通常是长方形且一片对折而成，袖级是在合体袖上断开而成，广泛用于各种服装。

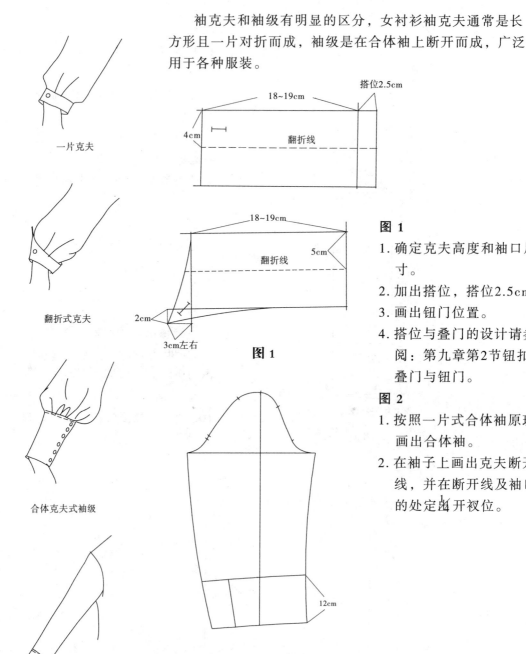

一片克夫

翻折式克夫

合体克夫式袖级

断袖级

搭位2.5cm

18~19cm

4cm

翻折线

18~19cm

翻折线

5cm

2cm

3cm左右

图 1

12cm

图 2A

图 1

1. 确定克夫高度和袖口尺寸。
2. 加出搭位，搭位2.5cm。
3. 画出钮门位置。
4. 搭位与叠门的设计请参阅：第九章第2节钮扣、叠门与钮门。

图 2

1. 按照一片式合体袖原理画出合体袖。
2. 在袖子上画出克夫断开线，并在断开线及袖口的处定出开衩位。

袖子的变化——袖叉与袖克夫、袖级

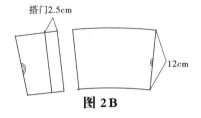

搭门2.5cm

12cm

图2B

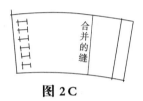

合并的缝

图2C

3.分离克夫纸样，并在左
  边加搭位。

4.合并袖克夫底缝，并画
  出钮位位置。

注：搭位与钮门的设计可参考
  第九章第2节钮扣、叠门钮门

图3 袖级的取法同图2一样

1.按合体袖结构画出合体袖

2.在袖子上画出袖级断开线。

3.合并袖底缝，并画顺。

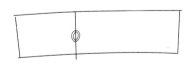

图3

袖子的变化—— 袖叉与袖克夫、袖级

女式衬衫袖，袖叉分为两类，一种称为一字叉。另一种基本同男衬衫的袖叉，俗称宽叉。一字叉的叉高在7cm左右，袖叉条的宽度0.6cm左右，宽叉的叉高在9cm—10cm左右，袖叉分为宽叉条和一字袖叉条，宽叉条一般在2cm~2.3cm之间，一字袖 叉条宽一般在0.6~1cm之间。

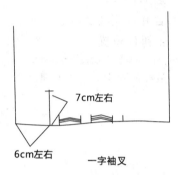

一字袖叉

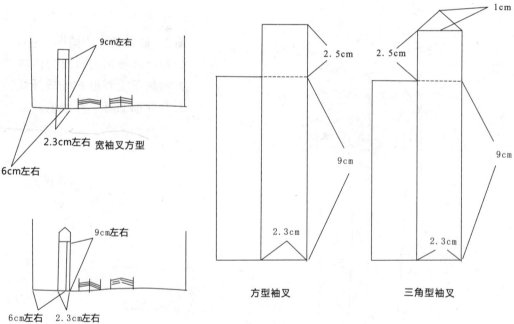

宽袖叉方型

宽袖叉三角型

方型袖叉

三角型袖叉

袖子的变化——只有袖背缝的一片式合体袖

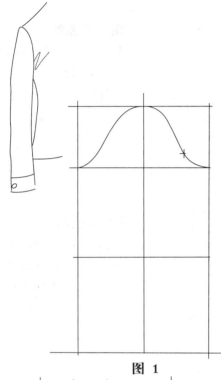

图 1

只有袖背缝的一片式合体袖设计。开衩连袖级。

图1

1.首先按一片式合体袖原理，画出袖肥、袖山弧线、袖长线。

图2

2.取后袖肥/2画出袖背缝线，画出袖偏省。(可设计成偏袖)

3.中心线袖口偏前1cm为中心确定袖口尺寸。

4.前低落0.6cm后起翘0.6cm画出大袖袖口线及大袖前后袖里弯线。

5.小袖低落0.6cm画出小袖袖口线及前后袖里弯线。

图3

6.合并袖底缝。

7.画顺袖口并标出所有对位符号及溶位符号。

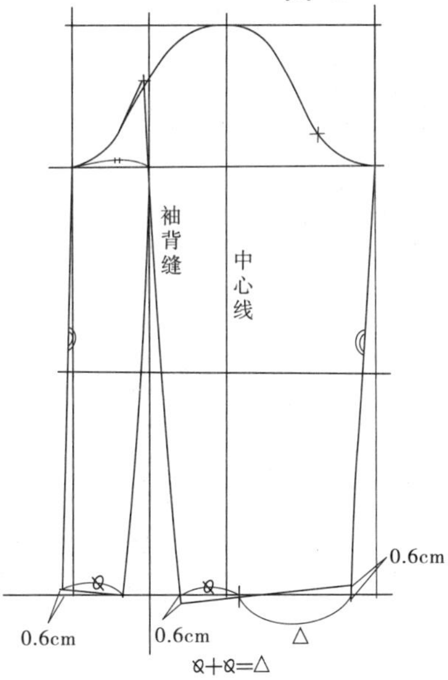

袖背缝　中心线

0.6cm

0.6cm　0.6cm

⊗+⊗=△

图 2

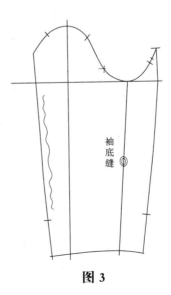

袖底缝

图 3

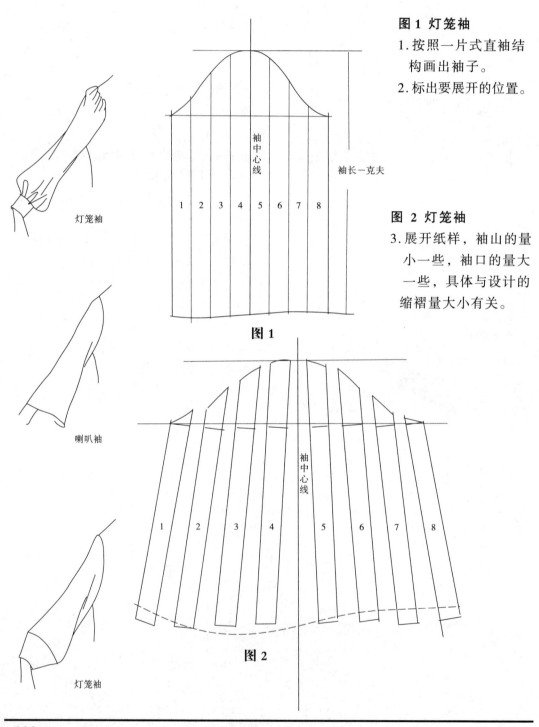

图1 灯笼袖

1. 按照一片式直袖结构画出袖子。
2. 标出要展开的位置。

图2 灯笼袖

3. 展开纸样，袖山的量小一些，袖口的量大一些，具体与设计的缩褶量大小有关。

袖中心线

袖长－克夫

1 2 3 4 5 6 7 8

图1

灯笼袖

喇叭袖

袖中心线

1 2 3 4 5 6 7 8

图2

灯笼袖

袖子的变化——灯笼袖和喇叭袖

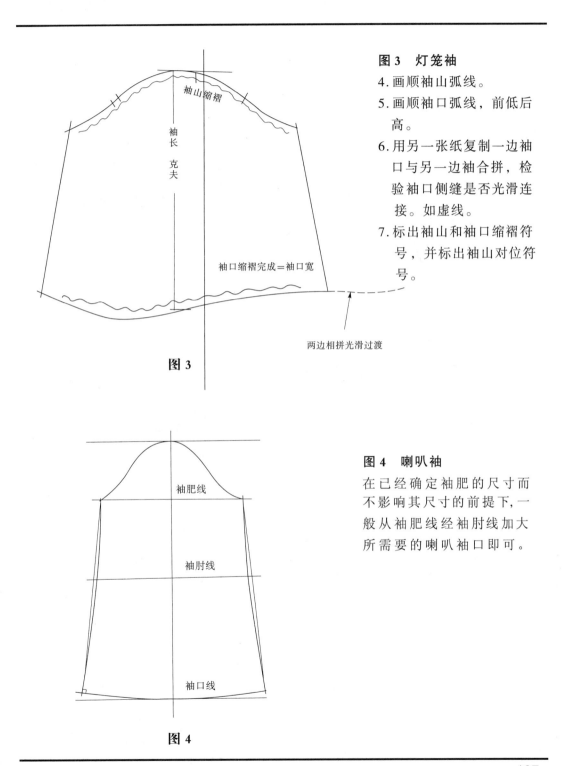

图3

图4

图3 灯笼袖

4.画顺袖山弧线。

5.画顺袖口弧线，前低后
   高。

6.用另一张纸复制一边袖
   口与另一边袖合拼，检
   验袖口侧缝是否光滑连
   接。如虚线。

7.标出袖山和袖口缩褶符
   号，并标出袖山对位符
   号。

图4 喇叭袖

在已经确定袖肥的尺寸而
不影响其尺寸的前提下，一
般从袖肥线经袖肘线加大
所需要的喇叭袖口即可。

袖子的变化——灯笼袖和喇叭袖

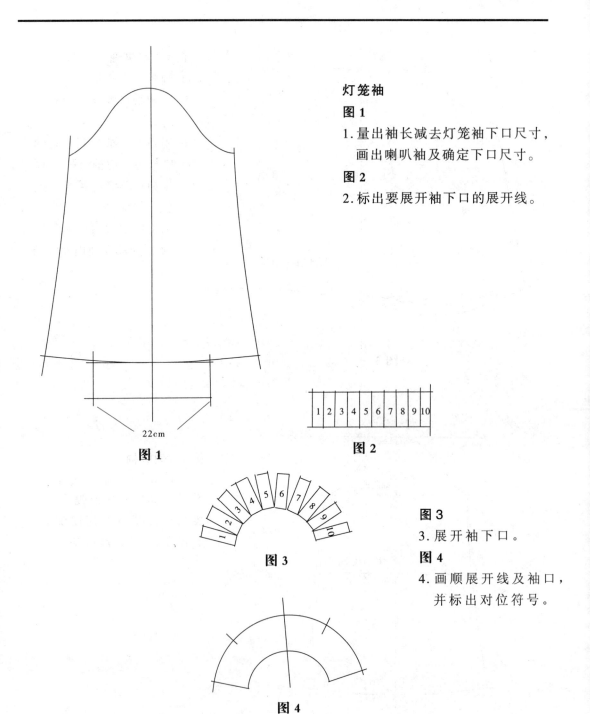

灯笼袖
图1
1. 量出袖长减去灯笼袖下口尺寸，
   画出喇叭袖及确定下口尺寸。
图2
2. 标出要展开袖下口的展开线。

图1

22cm

1 2 3 4 5 6 7 8 9 10

图2

图3

图3
3. 展开袖下口。
图4
4. 画顺展开线及袖口，
   并标出对位符号。

图4

短袖

短袖、中袖和半袖都是以长袖发展而来。

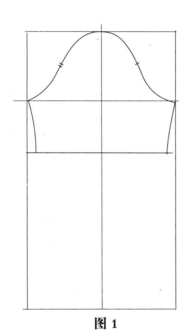

图1

图1、2　短袖、中袖

1.长袖结构上画出袖长、袖口宽。

2.调整前后袖山弧线。

3.标出袖山对位符号。

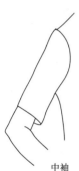

中袖

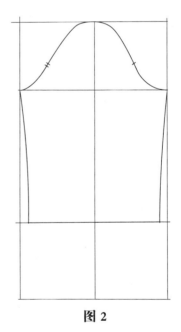

图2

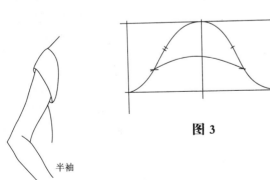

图3

图3 半袖

1.画出合体袖袖山结构。

2.确定袖长及袖口。

3.标出袖山对位符号。

半袖

袖子的变化——泡泡袖

第4节F

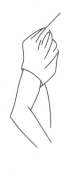

泡泡袖是在袖山或袖口通过缩褶或收褶裥的形式来形成泡起的感觉。

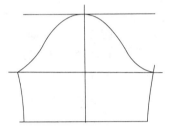

图1A

图1B

图1C

图1　袖山缩褶式泡泡袖

1. 首先按一片直袖结构原理画出短袖。
2. 展开要加的褶量，袖肥保持不变。
3. 画顺袖山弧线，标出缩褶和袖山对位符号。

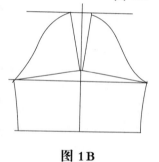

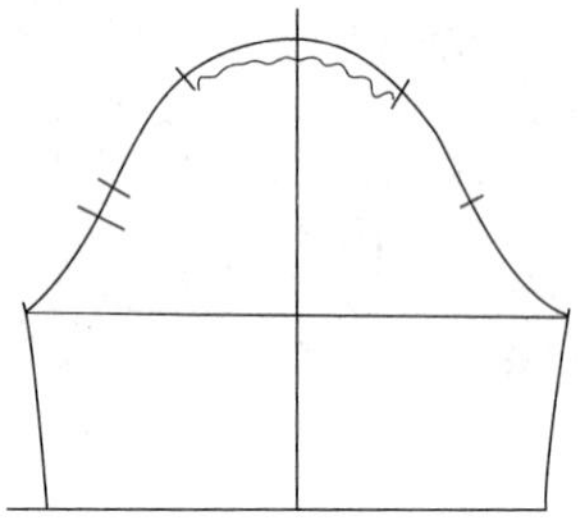

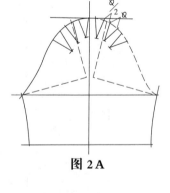

图2A

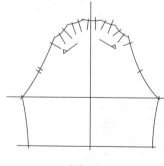

图2B

图2 袖山收褶式泡泡袖

1. 展开要收褶的褶量标出收褶的位置及褶的长度，其褶长的位置就是泡起的位置。
2. 折叠省道，并画顺。
3. 标出收褶倒向符号和前后袖山对位符号。

袖子的变化——泡泡袖

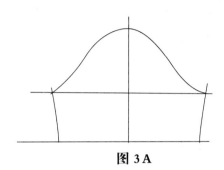

图 3 A

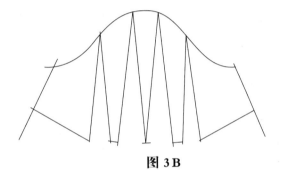

图 3 B

图 3 袖口收褶式泡泡袖

1. 首先按袖一片式直袖原理
   画出短袖。
2. 展开要加的褶量。
3. 调整褶长，褶长的位置就
   是泡起的位置。**然后折叠**
   褶位并画顺。
4. 标出袖口收褶倒向符号及
   袖山对位符号。

图 3 C

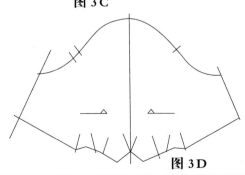

图 3 D

郁金袖又称蚌形袖、花瓣袖，一般用于晚装、礼服等。

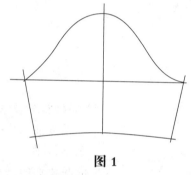

图 1

图1

1.按照合体袖结构原理画出短袖。

图2

2.画出前后郁金香造型。

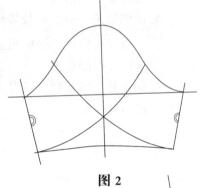

图 2

图3

3.合并袖底缝，并标出前后袖山对位符号。

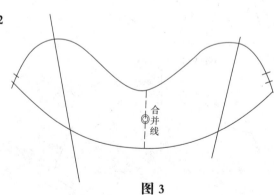

合并线

图 3

联身袖的主要轮廓线及结构点的说明

联身袖是指衣身某些部位和袖子联在一起的袖子，如插肩袖、落肩袖等，联身袖的结构与圆装袖的结构原理一样，即袖山越高，袖肥就越小，袖子越合体，袖山越低，袖肥就越大，袖子就越宽松。

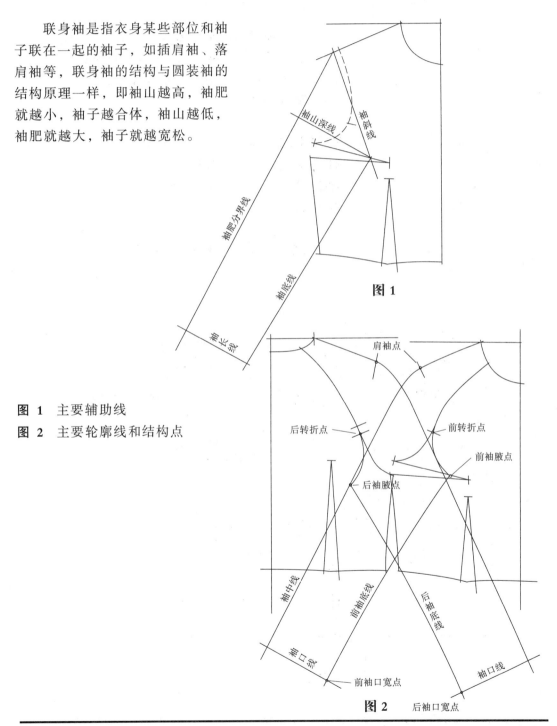

图 1 主要辅助线

图 2 主要轮廓线和结构点

宽松式联身袖常常与无基础胸省的衣身袖笼匹配，在一定情况下也可与有基础胸省的衣身袖笼匹配，这里介绍无基础胸省的衣身袖笼结构原理。

假设设计尺寸

胸围　95cm　　　袖长　59cm

肩宽　39.5cm　　袖口　28cm

颈围　38cm

图1

画好无基础胸省的宽松式衣身基础结构。

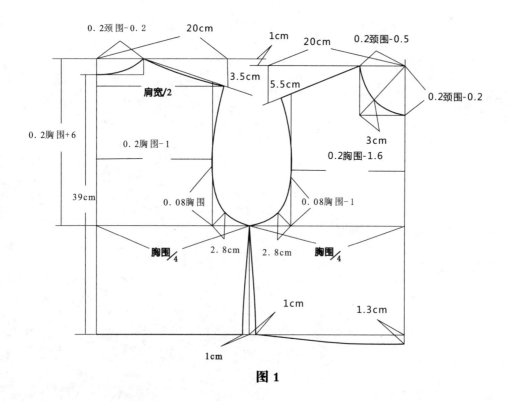

图1

联身袖的结构原理 —— 宽松式联身袖

图2　前联身袖

1. 延长肩缝线为袖肥分界线。
2. 量出袖长与袖肥分界线垂直为袖口线。
3. 量出袖口/2−0.6cm与前腋点连接画出前袖底线。
4. 前腋点出5cm，画顺前侧缝线与前袖底线的弧线。

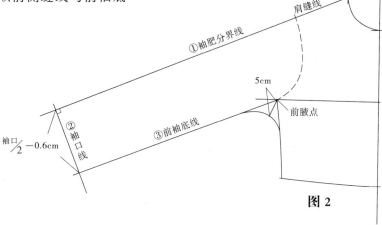

图2

图3　后联身袖步骤基本同前

5. 延长肩缝线为袖肥分界限。
6. 量出袖长并与袖肥分界限垂直为袖口线。
7. 量出袖口/2+0.6cm为后袖口宽并与后腋点连接作出后袖底线。
8. 后腋点出5cm画顺后侧缝线与后袖底线的弧线。

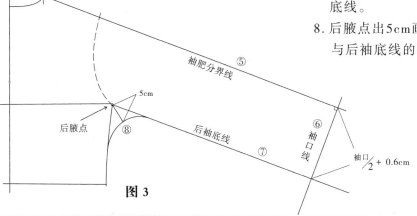

图3

宽松式联身袖袖型可作任意变化，这里只是单讲袖型的变化与衣身的其他造型无关。

按照宽松式联身袖的结构原理进行变化。

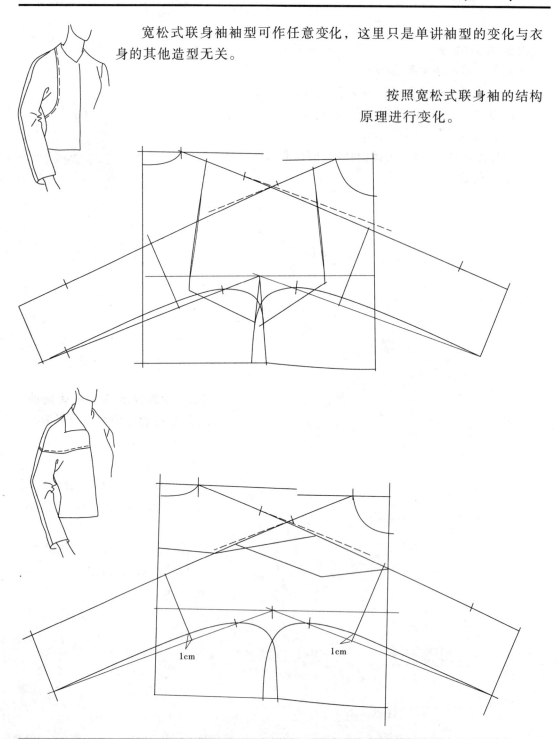

宽松式联身袖对条对格的处理方法

我们知道人体的前后肩斜存在的角度是不一致的，所以导致对格对条失败，如果要使其对格对条，那么就要调整其肩斜，使前后肩斜一致。

图 1
从图中可以看出，前中线和后中线重叠的前后肩的角度差异，以及前后的差异。

图 2
调整肩斜与前后胸围。如有需要可搬动前后肩斜，如图虚线所示。

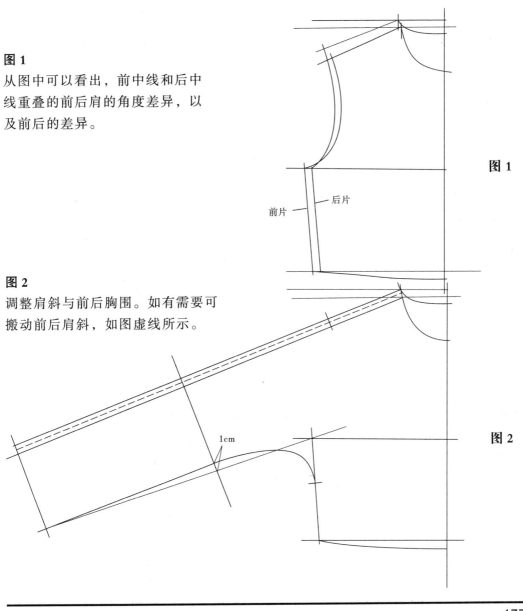

图 1

前片　后片

图 2

1cm

插肩袖同独立圆装袖的结构特征基本一样，可以设计从宽松到合体。

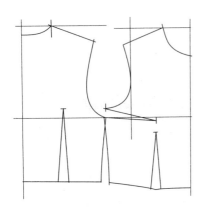

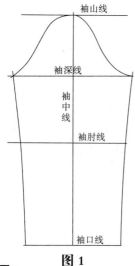

图 1

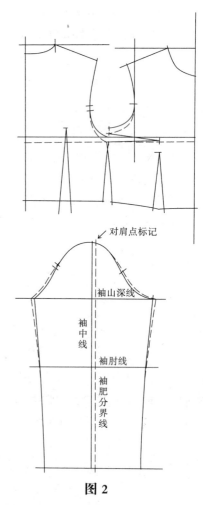

图 2

图 1

1. 复制有基础省的衣身基础纸样和一片直袖基础纸。

图 2

2. 在相同尺寸的情况下，衣身基础纸样袖笼深降低1cm，袖肥加大1.5cm。

3. 画顺袖笼线和袖山线，如图虚线所示。

　注：袖山不要放溶位。

4. 标出前后袖笼和袖山的对位符号。

5. 以肩点标记画出袖肥分界线。

联身袖的结构原理——插肩袖

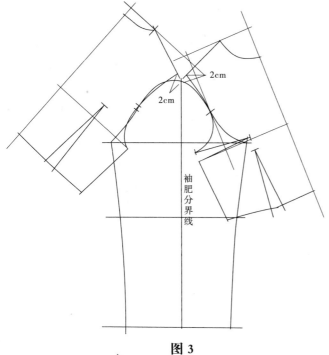

图3

图3

6. 转动前衣身纸样，使前袖笼对位点和前袖山对位点相吻合，前肩端点与袖山对位点距2cm。

7. 转动后衣身纸样，使后袖笼对位点和后袖山对位点相吻合，后肩端点与后袖山对位点距2cm。

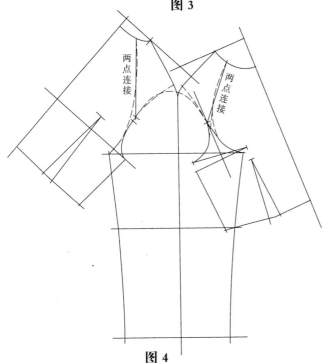

图4

图4

8. 画顺前后肩点与袖山点的弧线。

9. 在前领圈取一点与前对位点连接(这个点取决于设计的要求而定)。

10. 在后领圈取一点与后对位点连接(这个点取决于设计的要求而定)。

11. 画顺前后连接线的弧线。(如图虚线示)

联身袖的结构原理——插肩袖

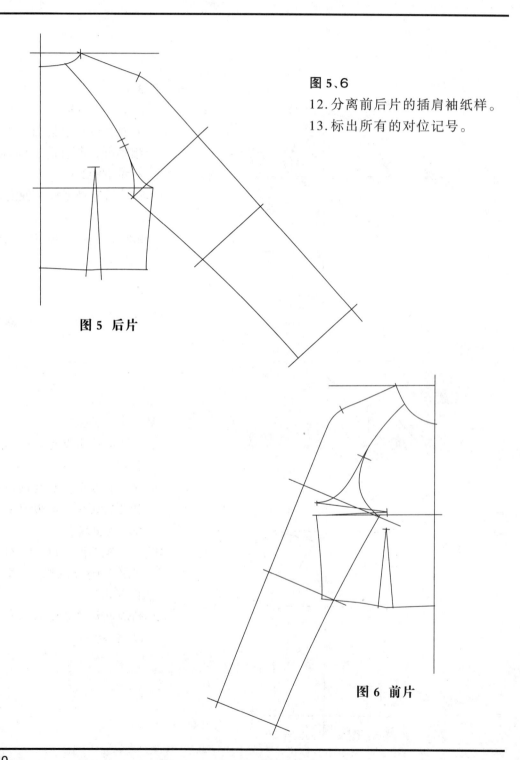

图 5、6

12.分离前后片的插肩袖纸样。

13.标出所有的对位记号。

图 5 后片

图 6 前片

按照独立圆装袖的结构，联身袖可完成独立圆装袖的所有结构变化。可以设计成一片式直袖、一片式合体袖、二片式直袖、二片或三片式合体袖。

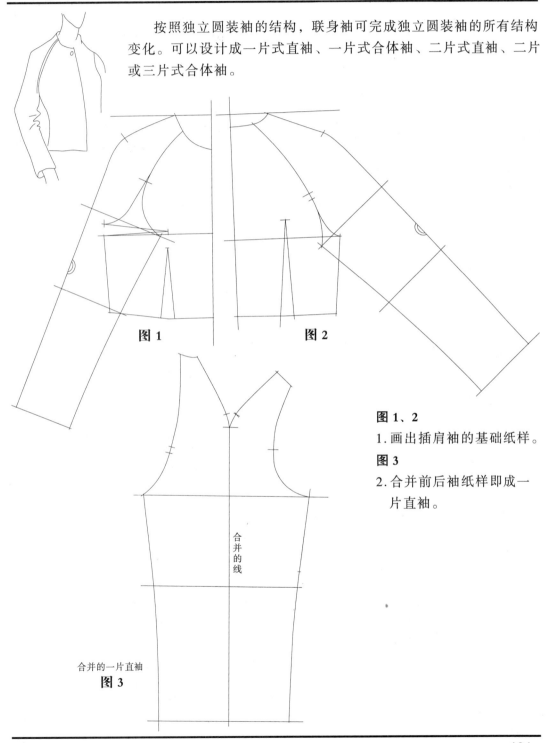

图 1

图 2

合并的线

合并的一片直袖
图 3

图 1、2

1. 画出插肩袖的基础纸样。

图 3

2. 合并前后袖纸样即成一片直袖。

插肩袖结构的变化

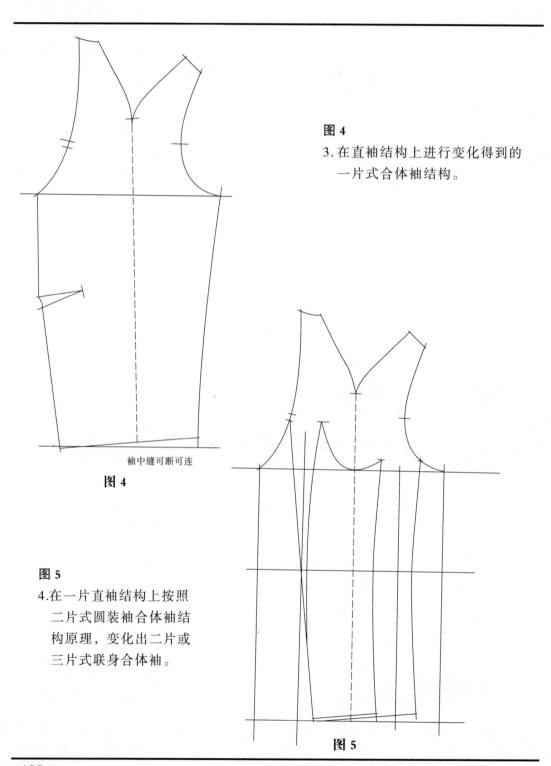

图 4

3. 在直袖结构上进行变化得到的
   一片式合体袖结构。

袖中缝可断可连

图 4

图 5

4. 在一片直袖结构上按照
   二片式圆装袖合体袖结
   构原理，变化出二片或
   三片式联身合体袖。

图 5

插肩袖公主线的变化

插肩联身袖公主线的变化，可参考衣身公主线移位的变化。

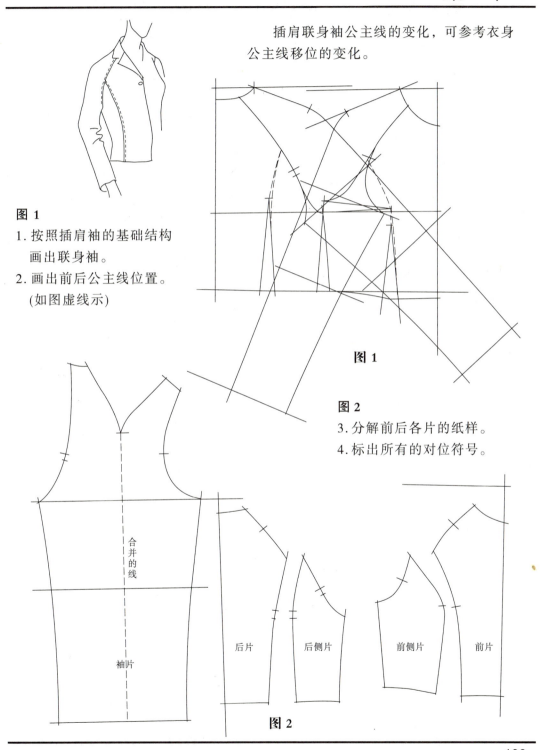

图 1

1. 按照插肩袖的基础结构画出联身袖。
2. 画出前后公主线位置。(如图虚线示)

图 1

图 2

3. 分解前后各片的纸样。
4. 标出所有的对位符号。

合并的线

袖片

后片　后侧片　前侧片　前片

图 2

插肩袖公主线的变化

前衣片有小胸省

图1

1. 按照插肩袖的基础纸样结构画出联身袖。
2. 折叠前基础省，画出前公主线位置及胸省位置。(如图虚线示)
3. 画出后公主线位置。(如图虚线示)

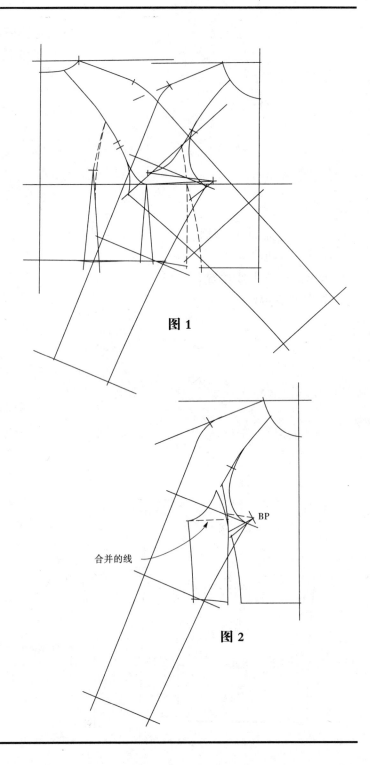

图 1

图2

4. 合并前侧片(如图虚线)。
5. 转移小胸省。

注：可参考基础省的纸样移位变化。

合并的线

BP

图 2

插肩袖公主线的变化

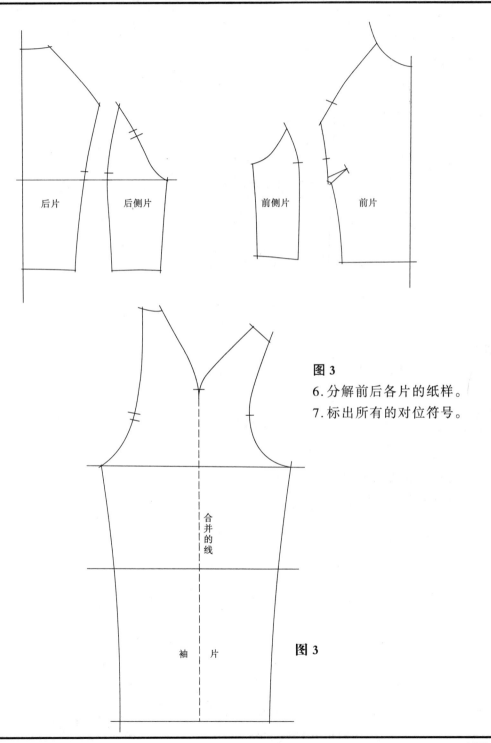

后片　　　　后侧片　　　　前侧片　　　　前片

合并的线

袖　　片

图 3

6. 分解前后各片的纸样。

7. 标出所有的对位符号。

图 3

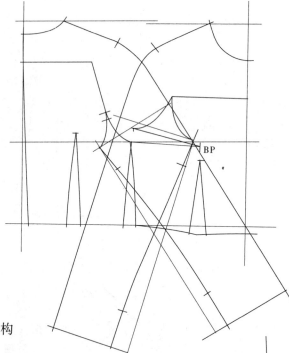

图 1

1. 按照插肩袖的基础结构画出联身袖。

2. 根据款式的造型画出前后分割线。

图 2

3. 转移前片基础省(可参考基础省的纸样移位变化)。

图 1

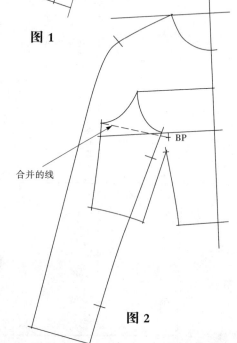

合并的线

图 2

插肩袖造型的变化

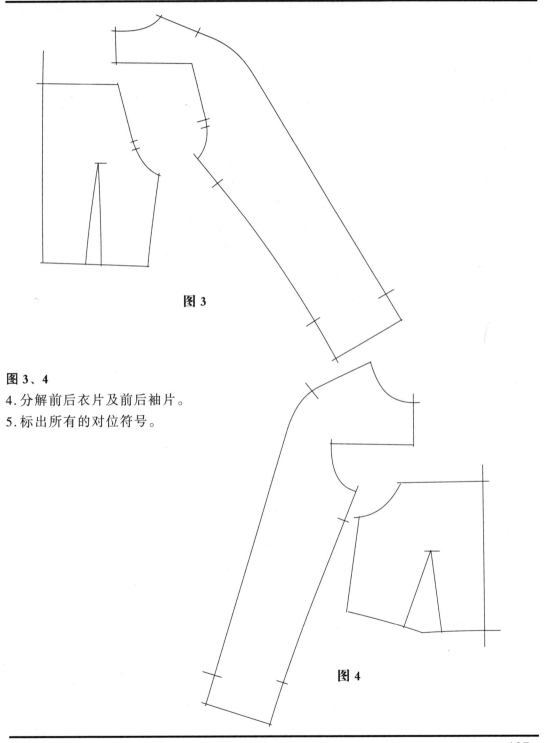

图 3

图 3、4

4.分解前后衣片及前后袖片。

5.标出所有的对位符号。

图 4

　　落肩袖的结构就是根据款式设计的需要，从肩端点向袖山方向确定的落肩位置，落肩的深度可以设计从肩端点到袖的前后对位符号处大约在3~10cm之间，根据实际经验证明，落肩袖的弯度，以4cm：1.2cm所得到的斜线取值为准。

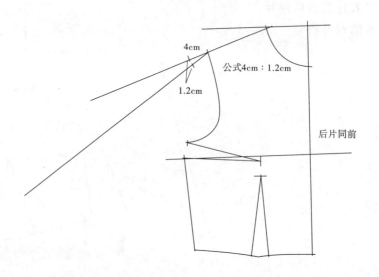

落肩袖的结构与变化

大衣·时装·长上衣片

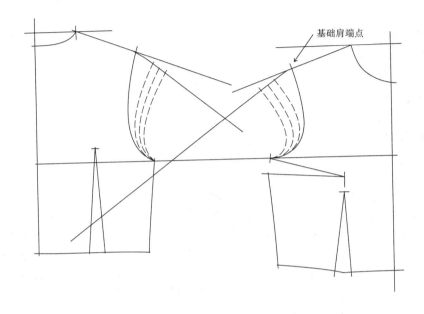

基础肩端点

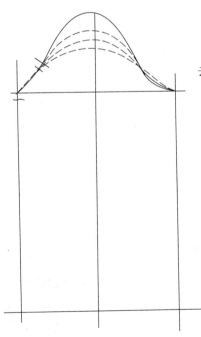

袖子的结构只需要在一片直袖的纸样上减去相应的量。

189

落肩袖的结构与变化

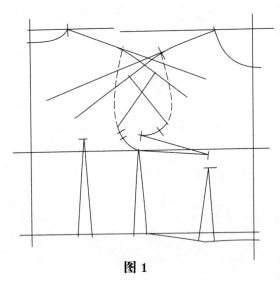

图 1

图 1

1. 按照落肩袖结构画出落肩袖及款式造型。

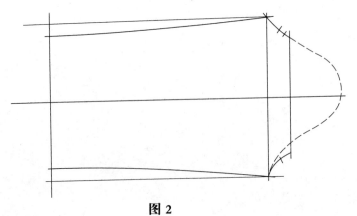

图 2

图 2

2. 在一片直袖上画出所落肩的量。
3. 调整前袖山弧线。
4. 标出前后对位符号。

落肩袖的结构与变化

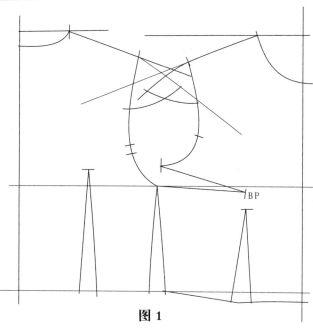

图 1

1. 按照落肩袖结构画出落肩
   袖款式造型。

图 1

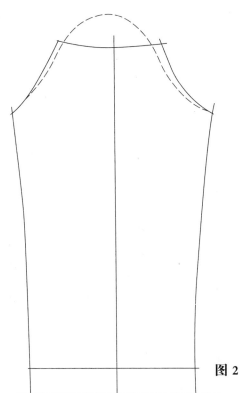

图 2

2. 在一片直袖上前后袖山弧线
   与袖笼弧线吻合。
3. 因原有的落肩处弧线与袖弧
   线不吻合，调整到长短一样。
   如图虚线为原线，实线为调
   整线)。
4. 标出前后对位符号。

图 2

工业纸样的其他部件

第九章

本单元的其他部件是指口袋、钮扣与钮门、挂面、贴边、布纹线。

其中，口袋、钮扣与钮门、贴边可以设计成实用性的，也可以设计成装饰性的，装饰性的设计对服装造型变化起着极其重要的作用，而布纹线的正确使用，可使服装产生很好的立体效果。

口袋的构成

　　口袋是时装设计的重要组成部分，口袋分实用口袋和装饰口袋，实用口袋，一般要求口袋位置以手伸入为宜，对于装饰口袋，它已失去实用功能，只起服装的装饰点缀之用，它的大小和位置比较随意，可以出现在服装任何部分，如袖片上、后背处，裤脚上等。

一、口袋的分类

　　口袋可分为三类，即贴袋、挖袋(包括嵌袋、单唇袋、双唇袋)、插袋。

　　1.贴袋：袋布全部是面布做成，有袋盖或无袋盖。

　　2.挖袋：一般袋嵌条和袋唇条以面布制成，袋布在里。

　　3.插袋：插袋一般在缝份上留出袋口，袋布在里。

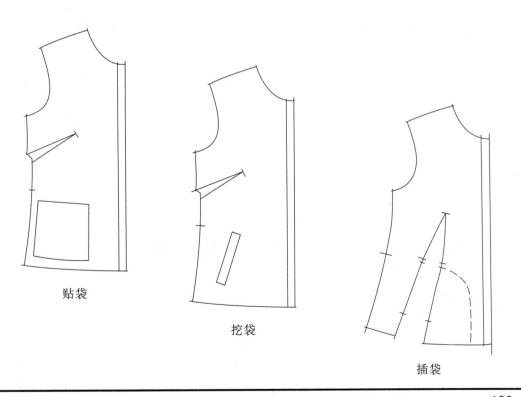

贴袋　　　　　挖袋　　　　　插袋

口袋的构成

二、口袋的大小

以口袋的实用功能来计算。胸袋的大小在 8.5cm~10.5cm 左右，下袋的大小一般在 12.5cm~15cm 左右，但时装的变化很大，口袋随服装的整体大小变化而变化，服装整体较大，口袋相应加大，反之就减小。

三、口袋的位置

要确定口袋的位置，应首先确定口袋的中心点。

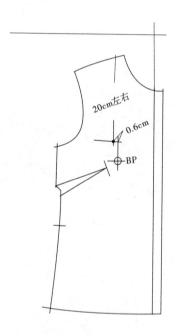

图1 胸袋
基础纸样，上平线下20cm
左右，BP点偏0.6cm左右确
定胸袋中心点。

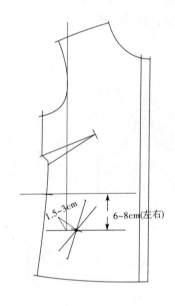

图2 大袋
前胸宽线偏进1.5cm~3cm
左右，腰节线下6~8cm左
右，确定大袋中心点。

口袋的构成

口袋的画法

胸袋

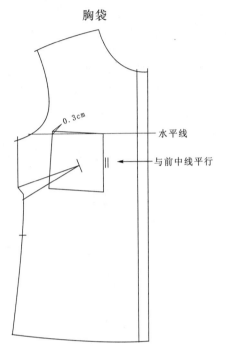

0.3cm

水平线

与前中线平行

下袋（有袋盖）

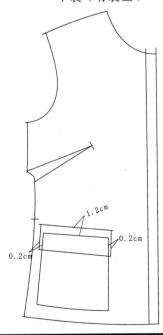

1.2cm

0.2cm

0.2cm

下袋(无袋盖)

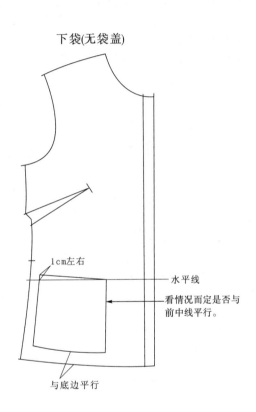

1cm左右

水平线

看情况而定是否与
前中线平行。

与底边平行

下袋前中线的确定

1.宽松型无腰省与前
  中线平行。
2.吸腰较大时，前袋
  角偏进0.3~0.5cm。

钮扣、叠门与钮门

在服装的任一部位的开襟中，互搭之间止口与中线钉钮点称叠门，又称搭位，叠门一般随纽扣的变化而变化。

纽扣按国际制单位划分，以号型和毫米表示纽扣的直径，根据实际操作的经验。叠门的大小等于纽扣的直径加0.3cm左右。衬衫类的纽扣一般用12.7毫米（20L）左右的纽扣，那么它的叠门为1.5厘米左右，外套之类的便装，一般用17.8毫米（28L）左右的纽扣，那么它的叠门取值在2厘米左右,大衣、风衣类一般用22.9毫米（36L）左右的纽扣，那么它的叠门取值在2.5厘米左右。

钮扣的号型与直径

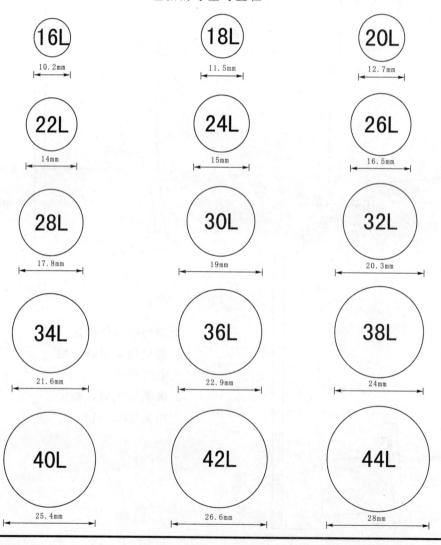

钮扣、叠门与钮门

钮门的大小是以钮扣的直径变化而变化，钮门的取值一般是钮扣的直径加钮扣的厚度。

钮门分为二类，一类称为平眼，另一类称为凤眼，凤眼又分为两种，一种称齐尾凤眼，另一种称有尾凤眼。

平眼钮门	有尾凤眼钮门	齐尾凤眼钮门

我们知道，左右门襟扣上之后，左右门襟的中心线应该重合，不然会使围度变大或者变小，钮扣的位置一般处在中心线上，由于钉好的钮扣线具有一定直径的绳状，所以要使横钮门的钮扣准确地落在中心线上，横钮门的钮门就要超出中心线0.3厘米左右。

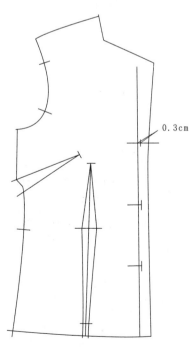

0.3cm

挂面的构成

挂面是指上装左右门襟的翻边，挂面分装挂面和连挂面，翻驳领的挂面、翻驳位要加出损耗量。（请参考领子的损耗加放一节)

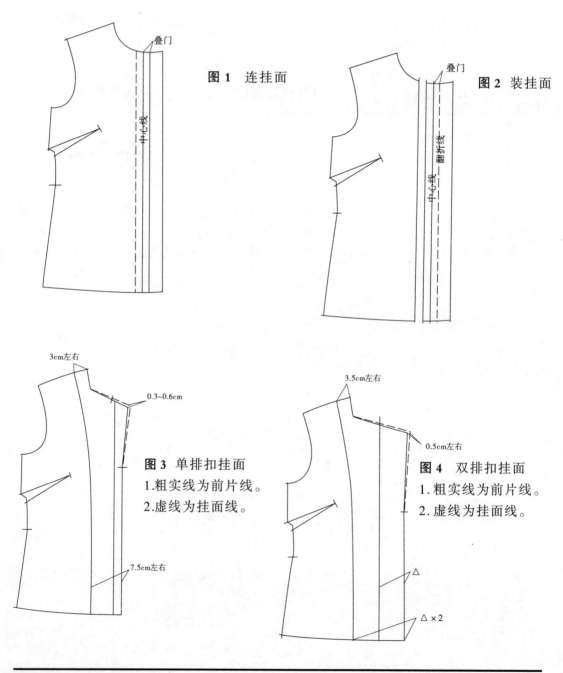

图 1　连挂面

图 2　装挂面

图 3　单排扣挂面
1.粗实线为前片线。
2.虚线为挂面线。

图 4　双排扣挂面
1.粗实线为前片线。
2.虚线为挂面线。

缝份与贴边

一、缝份

缝份又称缝子和止口。即在净样上加放缝合的宽度称缝份。任何服装都是通过拼接，包压缝合而成。缝份和贴边应按不同的部位、款式、制作工艺、材料加出相应的缝份和贴边。

A.平缝 平缝是车缝中最基本、最常见的工艺制作方法。将两块衣片正面相同的拼接。平缝平分为倒缝或开缝，一般单层布料较薄的服装。可先做平缝后烤边，再倒向一边。如布料较厚的服装，一般分开缝。

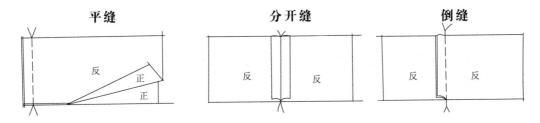

| 平缝 | 分开缝 | 倒缝 |

B.互搭缝 一块衣片放在另一块衣片上面，把缝份叠在一起进行缝合，多用于不会毛边的衣料，如皮革类。

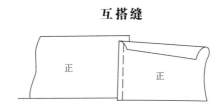

互搭缝

C.来去缝 来缝就是平缝，先拼好平缝，并修齐缝份，再反转辑线一道去缝，并包住来缝不能露出毛头，多用于面料较薄的服装。如：丝绸类的服装。

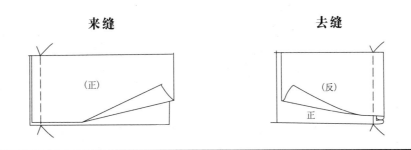

| 来缝 | 去缝 |

缝份与贴边

D.**包缝**　包缝分为内包缝和外包缝，一般是一块衣片的缝份是另一块衣片缝份的2倍加0.2cm左右，从而大包小，在正面上能见到一道辑线称内包缝，在正面上能见到两道辑线的称外包缝。

内包缝

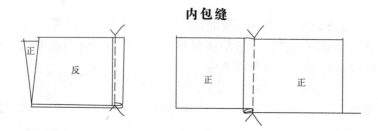

E.**夹缝**　用烫好的双层光边的衣片，夹住另一衣片称夹缝，多用于前门襟、袖衩和裤裙腰等。

夹缝

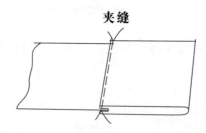

二、贴边

贴边处于服装的边口部位，如领口、袖口、脚口等，贴边分连贴边和装贴边。边口部位较直线形的一般设计为连贴边，边口部位较弯弧形的，一般设计为装贴边，在正常情况下，裙子的脚口贴边一般在3～4cm($1\frac{1}{4}''$～$1\frac{1}{2}''$)左右，外套之类的便装，袖口、脚口一般在3～4cm($1\frac{1}{4}''$～$1\frac{1}{2}''$)左右，风大衣类和裤子脚口的贴边控制在4～5cm($1\frac{1}{2}''$～$1\frac{3}{4}''$)左右。

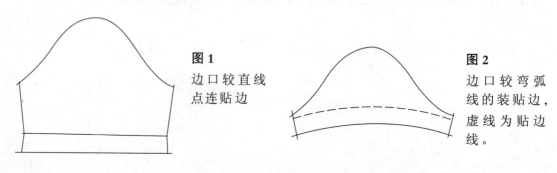

图1
边口较直线
点连贴边

图2
边口较弯弧
线的装贴边，
虚线为贴边
线。

缝份与贴边——裙片平缝的加放

平缝在工艺缝制中是最常见的缝份，这里着重介绍平缝的加放量。

裙子的平缝加放方法

重要提示: 如果裙子下脚弧度较大，脚贴边的宽度 加2~2.5cm。

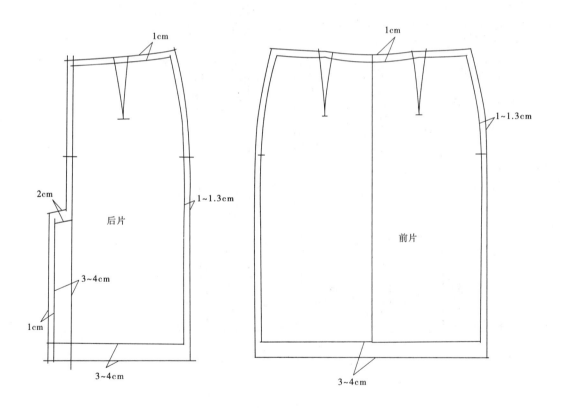

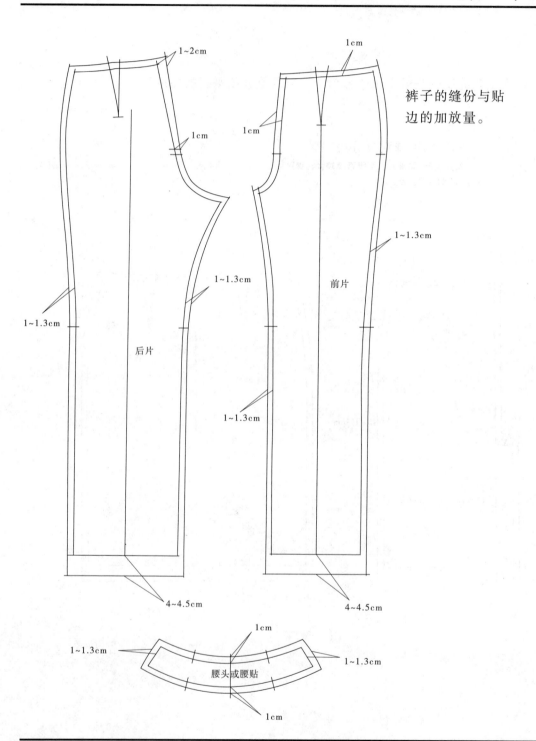

裤子的缝份与贴边的加放量。

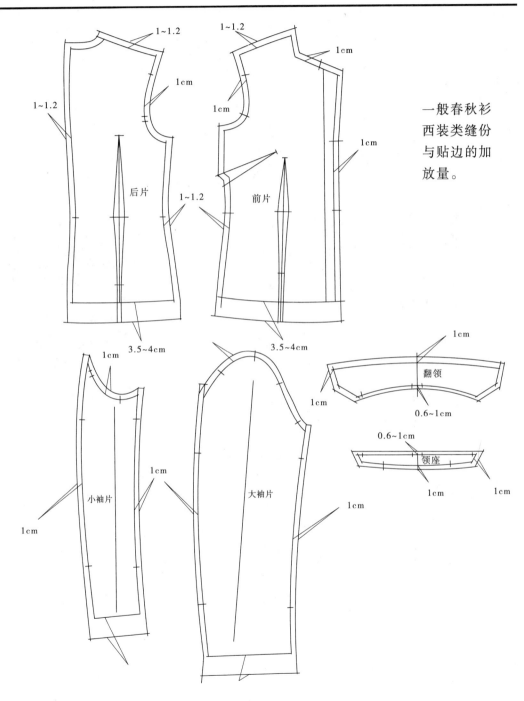

一般春秋衫
西装类缝份
与贴边的加
放量。

布纹线的确定，直接影响到服装的整体效果。要确定衣片的布纹线的取向，首先应确定参照线。

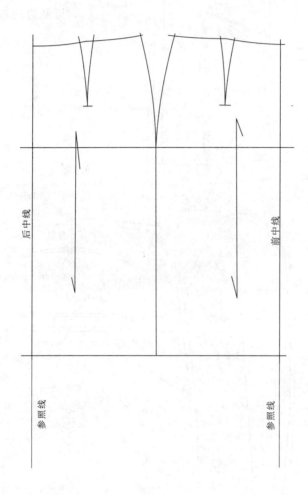

裙片

1. 裙片的布纹线以前后中心线为参照线。

2. 裙片一般取自布料的经向，只有考虑布料的图案或条纹的变化情况下，才可能取自布料的纬向或45度斜向。

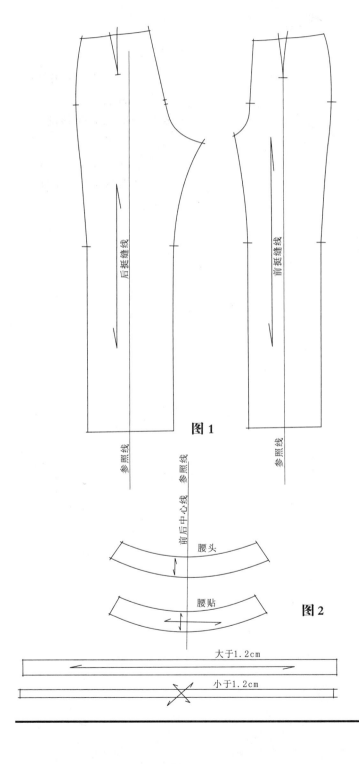

图1

图2

图1 裤片

1. 裤片的布纹线以前后挺缝线为参照线。

2. 裤片一般情况下都取自布料的经向，而只有考虑布料的图案或条纹的变化情况下，才可能取自布料的纬向或45度斜向。

图2 腰头和腰贴

1. 弯腰头以腰头的前后中心线为参照线，一般取布料的经向。

2. 弯腰贴以腰贴的前后中心线为参照线，有取布料的经向也可取布料的纬向。

3. 直腰头大于1.2厘米的一般取布料的纬向，只有考虑布料的条纹才有可能取布料的经向，直腰头小于1.2厘米，一般取布料的45度斜向。

布纹线的确定——衣片和袖片

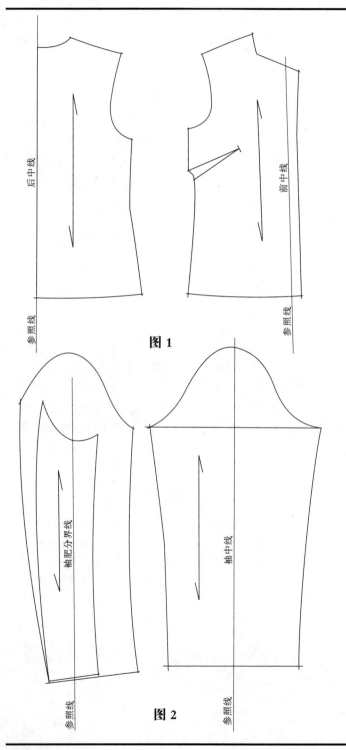

图 1

图 2

图 1　衣片

1. 衣片的布纹以前后中心线为参照线。
2. 衣片一般取自布料的经向，只有考虑布料的图案或条纹的变化，才可能取自布料的纬向或45度斜向。

图 2　袖片

1. 袖片的布纹以袖肥分界或袖中线为参照线。
2. 袖片的布纹线一般取自布料的经向，只有考虑布料的图案或条纹的变化，才可能取自布料的纬向或45度斜向。

布纹线的确定——担干、袖级、袖克夫和立领

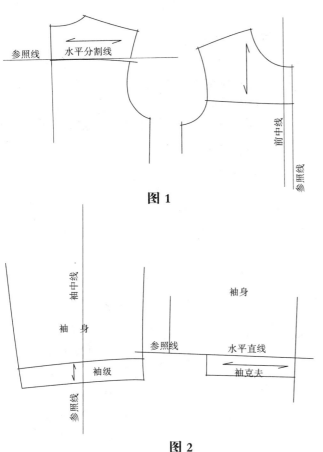

图 1

图 1 后担干，过肩，前分割位

1. 后担干或过肩，以水平分割线为参照线。

2. 后担干或过肩一般取布料的纬向，只有考虑布料的图案或条纹变化等，才可能取自布料的经向。

3. 前分割位以前中线为参照线。

4. 前分割位布料一般同前片，只有考虑布料的图案或条纹的变化，才可能取其它的布纹方向。

图 2

图 2 袖级、袖克夫

1. 袖级，以袖中线为参照线，袖克夫以水平分割线为参照线。

2. 袖级的布纹线一般取自布料的经向，只有考虑条纹的情况下才取自布料的纬向。袖克夫的布纹线，多取自布料的纬向，也有取自布料的经向。

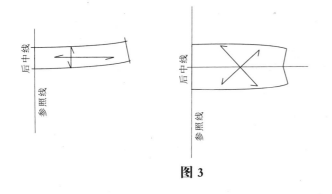

图 3

图 3 立领

1. 立领以后中线为参照线。

2. 分领面和领底两片的立领基本取自纬向，也有取自经向。

3. 领面和领底连在一起的立领，基本取自45度斜向。

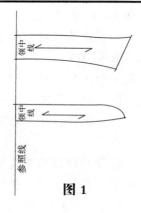

图 1

图 1　衬衫领

1. 衬衫领的布纹线以领中线为参照线。

2. 衬衫领的上下级领，领底、领面一般取自布料的纬向，只有考虑布料的图案或条纹的变化，上级领才可能取自经向或45度斜向。

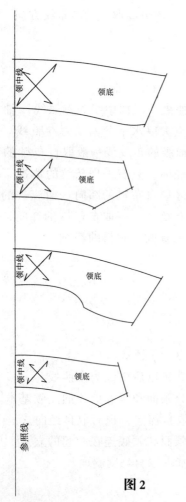

图 2

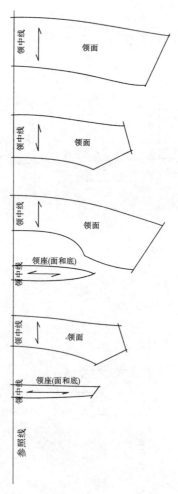

图 2　翻领

1. 翻领的布纹线以领中线为参照线。

2. 领里取自布料的45度斜向。

3. 领面基本取自布料的经向，在考虑布料图案或条纹的变化，才可能取布料的纬向或45度斜向。

4. 领座的面和里，均取自布料的纬向。

布纹线的确定——贴袋、袋盖与袋唇

第 5 节 F

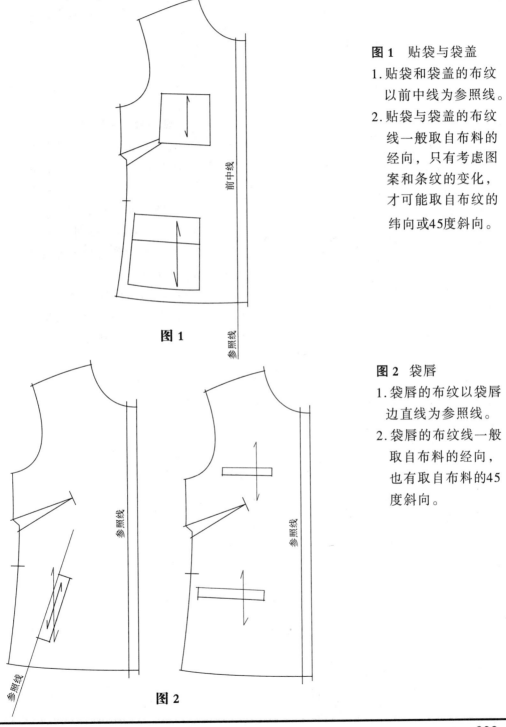

图 1　贴袋与袋盖

1. 贴袋和袋盖的布纹以前中线为参照线。
2. 贴袋与袋盖的布纹线一般取自布料的经向，只有考虑图案和条纹的变化，才可能取自布纹的纬向或45度斜向。

图 1

前中线

参照线

图 2　袋唇

1. 袋唇的布纹以袋唇边直线为参照线。
2. 袋唇的布纹线一般取自布料的经向，也有取自布料的45度斜向。

图 2

参照线

参照线

参照线

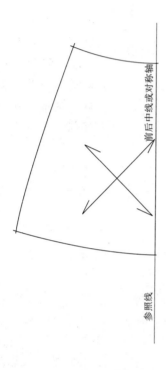

喇叭裙、荷叶边

1. 喇叭裙片的布纹参照线
   以前后中线或以对称轴
   为参照线。
2. 喇叭裙片的布料一般取
   自布料的45度斜向。
3. 荷叶边的布纹参照线无
   固定形式，它是以波浪
   的形成位置来决定。
4. 荷叶边的布纹一般取自
   料的45度斜向。

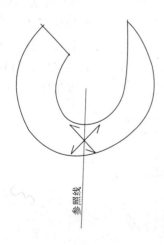

里布的构成

里布是构成服装的重要部分，稍有处理不慎就会导致成品服装起皱、起吊等弊病。一般情况下，里布要大于面布，我们称里布大于面布的量，称为里布风琴。

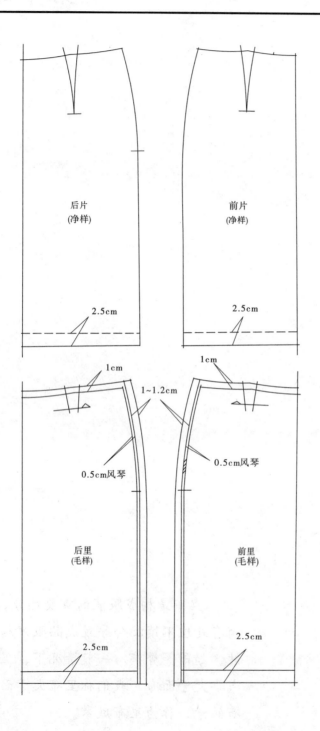

裙里布的构成
1. 粗实线为裙面布的净样线。
2. 虚线为裙里布的净样线。
3. 复制里布纸样，把前后省道处理成省褶。
4. 前后侧缝各加出0.5cm的风琴，然后加出所有的缝份。

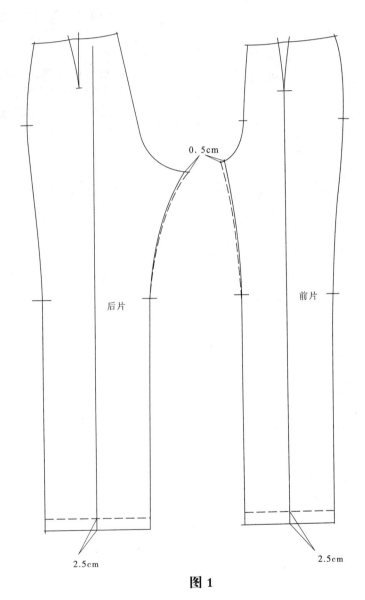

图 1 裤里布的构成

1. 粗实线为裤面布净样线。

2. 虚线为裤里布净样线。

图 1

里布的构成——裤子

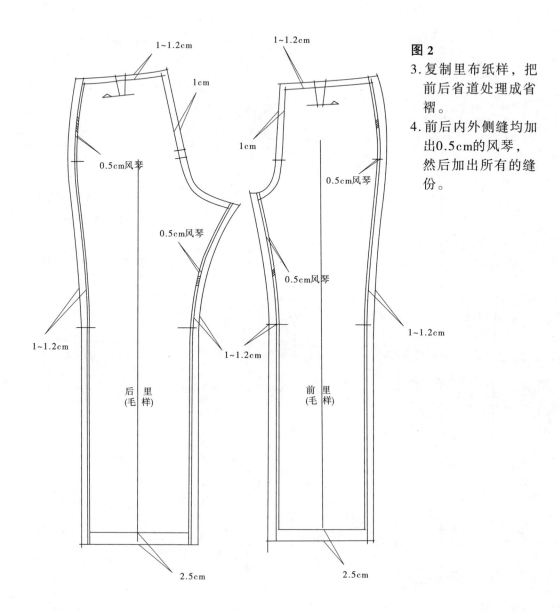

图 2

图 2

3. 复制里布纸样，把前后省道处理成省褶。
4. 前后内外侧缝均加出0.5cm的风琴，然后加出所有的缝份。

1~1.2cm

1cm

0.5cm风琴

0.5cm风琴

0.5cm风琴

0.5cm风琴

1cm

1~1.2cm

1~1.2cm

1~1.2cm

后里
(毛样)

前里
(毛样)

2.5cm

2.5cm

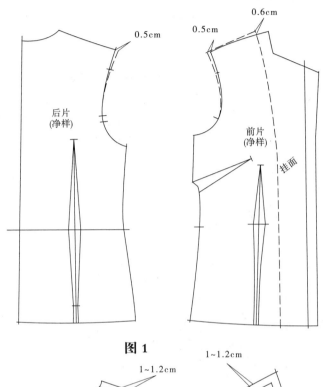

图 1

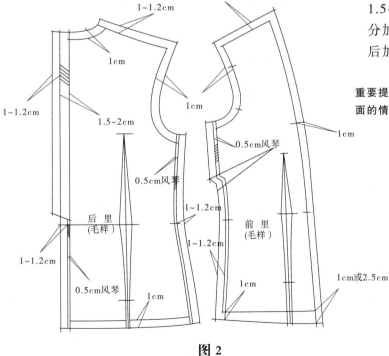

图 2

图1 衣身里布的构成

1.粗实线为面布净样线。

2.虚线为里布净样线。

图2

3.复制里布纸样。

4.前后侧缝各加出0.5cm的风琴，后中腰以上加出1.5~2cm的风琴褶，下部分加出0.5cm的风琴，然后加出所有的缝份。

重要提示: 前下脚的风琴位根据挂面的情况加出1cm或2.5cm。

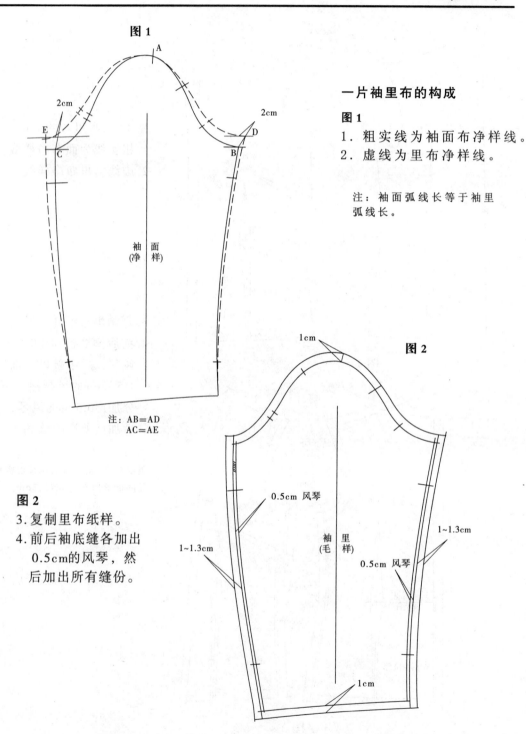

图 1

2cm

2cm

E
C
D
B
A

袖　面
(净　样)

注：AB＝AD
　　AC＝AE

图 2

1cm

0.5cm 风琴

1~1.3cm

袖　里
(毛　样)

1~1.3cm

0.5cm 风琴

1cm

一片袖里布的构成

图 1

1．粗实线为袖面布净样线。

2．虚线为里布净样线。

注：袖面弧线长等于袖里
弧线长。

图 2

3．复制里布纸样。

4．前后袖底缝各加出
　0.5cm的风琴，然
　后加出所有缝份。

里布的构成——袖子

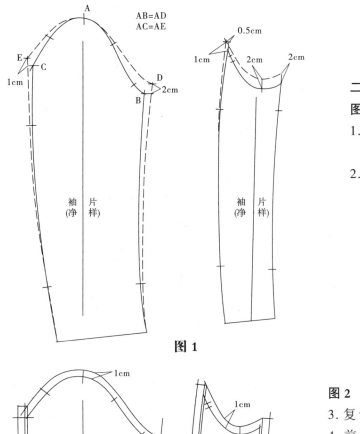

A
AB=AD
AC=AE

E
C
1cm
D
2cm
B

0.5cm

1cm   2cm   2cm

袖 片
(净 样)

袖 片
(净 样)

图 1

二片袖里布的构成

图 1

1. 粗实线为面布净
   样线。

2. 虚线为里布净样
   线。

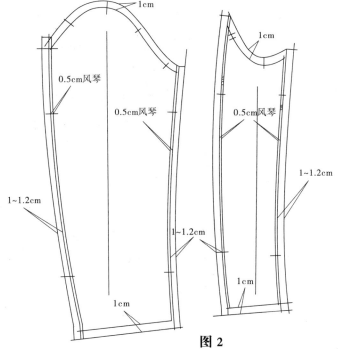

1cm

0.5cm风琴

0.5cm风琴

0.5cm风琴

1cm

1~1.2cm

1~1.2cm

1~1.2cm

1cm

1cm

图 2

图 2

3. 复制里布纸样。

4. 前后袖底缝，前
   后袖背缝各加出
   0.5cm风琴再加出
   全部缝份。

工业纸样的应用

工业纸样是工业化生产时，排料、裁剪、点位、扣烫、划样等用的生产标准纸样，一套完整标准的工业纸样，必须包括面布纸样、里布纸样、衬(朴)布纸样，零部件纸样，且用不同颜色的笔加以区分，如面布用黑色，里布用绿色，衬(朴)布用红色，并注明衣片之间的组合关系和缝合部位。如对位刀眼、缉线的起止，褶裥的倒向等等。

一般批量生产的服装，纸样都具备有大、中、小几档不同的规格，有的甚至有八、九档规格，但在批量生产之前，先做一个基础纸样，视公司和设计师的不同风格和习惯，有的做中码，有的做小码，做出的样衣，经过确认，然后以基码纸样为基础，推档(放码)出不同的系例规格。

纸样在工艺生产过程中，为保证缝制时衣片和衣片之间的准确性，就需要在纸样上标出定位记和文字说明。

位标记

定位标记有刀眼、钻眼和布纹线标记。

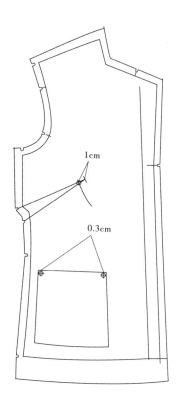

A. 刀眼的大小一般为0.15×0.13cm
刀眼有以下作用：

1. 缝头和贴边的宽窄。
2. 收省的位置和大小。
3. 开叉的高低。
4. 零部件的装配位置。
5. 折裥和抽褶的位置。
6. 衣片和衣片的对位位值。

B. 钻眼标明有以下作用：

1. 收省的长度，钻眼位置一般在收省的实际长度短1厘米处。
2. 省大小、钻眼位置一般在收省省位处进0.3cm。
3. 贴袋或开袋、钻眼位置一般在袋的实际大小各进0.3cm。

C. 布纹线的倒顺标记：
每片纸样上都要标出布纹线倒顺标记；
1. 双向标记，用——表示的布纹线，表示布料的经向线，布料不分倒顺都可使用。
2. 倒顺标记，用←—或—表示的布纹线、表示布料要倒裁或顺裁。

工业纸样上的定位标记和文字

二、纸样上的文字

A.纸样上的文字有以下内容

1.产品型号。
2.产品规格。
3.纸样种类(标明面布、里布、衬布等各种类别)。
4.纸样的零部件。
5.标明纸样的所需裁片数量。
6.分左右的纸样，要标明左右或注明左右和正反面。
7.纸样上的缝制说明，或其它说明。

B.文字的要求
纸样的要求一般用正楷或仿宋体，字体要端正。

工业纸样的制作流程

高级时装的制作，在做样衣之前。

首先，用坯布做一件坯样。

其一，检验纸样的立体效果。

其二，通过坯样的制作，找出更为
便捷的工艺制作方法。

其三，节约原材料。

软样：纸样设计师根据图稿或图片画出结构图(又称底稿)，然后用较韧性、透明的白纸、分解成衣片并注明相互组合关系，如面布、里布、辑线、收省打褶等，并包括所有零部件，这一套完整的纸样称为软样或头样。

拍样：软样(头样)完成之后，裁剪师根据纸样裁剪出裁片，因为头板基本是试验阶段，纸样一般不加缩水率，因此裁剪师，剪出的裁片四边都加宽了毛缝，样衣工拿到裁片后，要在抽风烫台上，用蒸气烫斗先打气缩水。缩水后铺上裁片的纸样，用大头针固定后修平、点位、粘衬(朴条)等，这一系例的过程称为拍样。

基码纸样：软样(头样)经过试板坯布样，初板样衣后经修改确认无误后，以这个纸样为基础放缩出全套系列规格的纸样，这个纸样称为基码纸样。

齐码纸样：用基码纸样为基础放缩出系列规格的全套纸样称齐码纸样，齐码纸样全部用硬纸做成，所以又称硬样。

实样：实样是指在生产过程中，用于扣烫、画样等用的纸样，一般用硬纸板制成，或用铁皮制成，如：领子、贴袋、挂面、袖克夫等。

工业纸样的损耗加放

工业纸样在生产过程中，衣片经过缝纫、熨烫等一系列的工艺操作，完成的成品尺寸往往同纸样尺寸有所不同，因此在纸样设计中要加减一定的损耗尺寸，从而达到服装成品设计时确定的标准尺寸，我们称加减的尺寸为纸样损耗尺寸。

上 装

后 中 长	+0~1.2cm
肩 宽	+0~0.6cm
胸 围	+0~1.2cm
腰 围	-0.6~1.2cm
臀 围	+0.6~1.2cm
脚 围	+0.6~1.2cm
袖 长	+0.3~1cm
袖 肥	+0.3~1cm
袖 口	+0~1cm

下 装

外 侧 长	+0.6~1.2cm
内 长	+0.6~1.2cm
腰 围	+0~1cm
臀 围	+0.6~1.2cm
脾 围	+0.6~1.2cm
膝 围	+0.3~0.6cm
脚 围	+0.3~0.6cm
前 浪	-0~0.6cm
后 浪	-0.6~1cm

本书应用实例的说明

A.所有的应用实例，全部根据作者的设计风格习惯，仅供读者参考。

B.所有的应用实例，全部没有肩棉，如要加肩棉，请自行提高肩斜量。
（肩棉的有效厚度)

C.所有的应用实例，根据作者的习惯凡是用粘合衬的地方全部写成朴。

SKETCH/图片
及细节说明

直身裙
面料有弹性，小心处理

辅料明细

钮	号		粒
啪钮	号		粒
拉链	隐形	√	
勾仔	单骨		双骨
裙扣		1对	
肩棉			
其他			

工艺要求：

纸样师：

规格(厘米)

部位	成衣尺寸	纸样尺寸	确认尺寸
后中长	54	54.5	
前中长			
侧骨长			
内长			
腰头高	3.5	3.5	
腰围(放松平量)	68	68	
腰围(拉开平量)			
坐围	92	92	
上坐围			
下坐围			
膝围			
脾围浪底度			
脚围	102	102.5	
叉长			
腰袢(长×宽)			
袋高			
袋宽			
袋盖高			
袋盖宽			
耳仔长			
耳仔宽			
前浪(连腰)			
后浪(连腰)			

面料小样

设计师：

面料布号：_____
发单日期：_____
起办日期：_____
定办日期：_____

面料用量：_____
里料用量：_____
朴布用量：_____
其他用量：_____

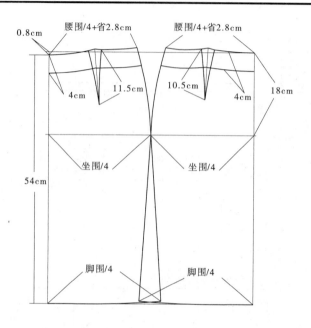

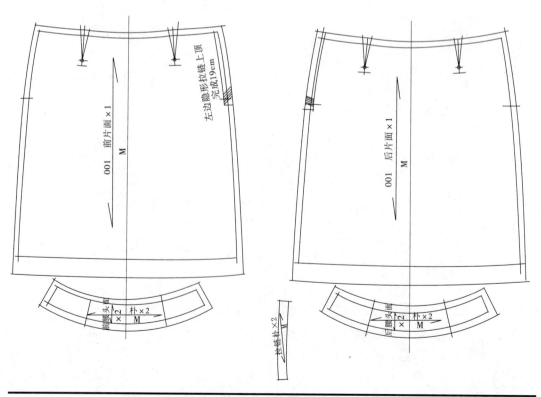

工业纸样的应用——直身裙(正腰)

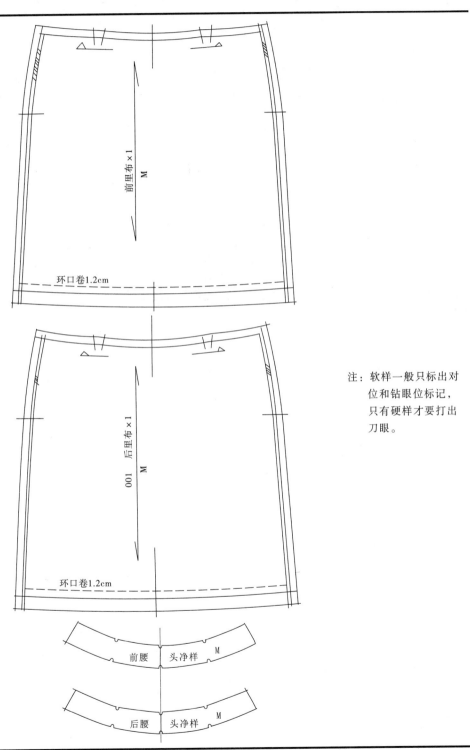

前里布×1 M

环口卷1.2cm

001 后里布×1 M

环口卷1.2cm

前腰　头净样 M

后腰　头净样 M

注：软样一般只标出对
位和钻眼位标记，
只有硬样才要打出
刀眼。

SKETCH/图片
及细节节说明

直身裙
前片无省，后片4只省。

规格（厘米）

部位	成衣尺寸	纸样尺寸	确认尺寸
后中长			
前中长			
侧骨长	50.5	51	
内长			
腰头高			
腰围(放松平量)	74	74	
腰围(拉开平量)			
坐围	92	92.5	
上坐围			
下坐围			
膝围			
脾围(浪底度)			
脚围	100	100	
叉长			
腰带(长×宽)			
袋高			
袋盖高			
袋盖宽			
耳仔宽			
前浪(连腰)			
后浪(连腰)			

辅料明细

钮	号	粒
啤钮	号	粒
拉链	隐形 ✓	
勾仔	单骨　双骨	
裙扣	1对	
肩棉		
其他		

工艺要求：

面料小样

设计师：_____　　纸样师：_____

面料布号：_____
发单日期：_____
起办日期：_____
定办日期：_____

面料用量：_____
里料用量：_____
朴布用量：_____
其他用量：_____

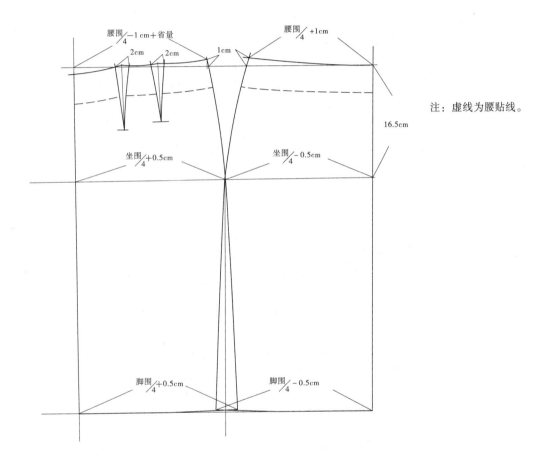

腰围/4 −1cm+省量

腰围/4 +1cm

2cm　2cm

1cm

注：虚线为腰贴线。

16.5cm

坐围/4 +0.5cm

坐围/4 −0.5cm

脚围/4 +0.5cm

脚围/4 −0.5cm

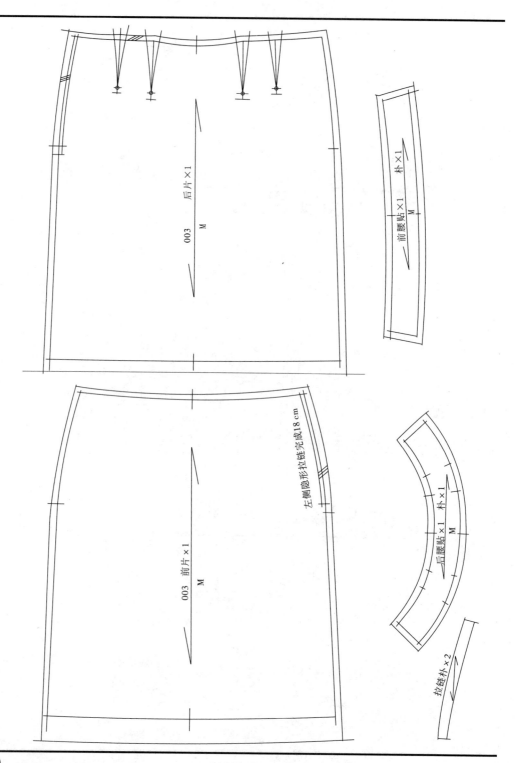

后片×1
003 M

前腰贴×1 朴×1
M

003 前片×1
M

左侧隐形拉链完成18 cm

后腰贴×1 朴×1
M

拉链朴×2

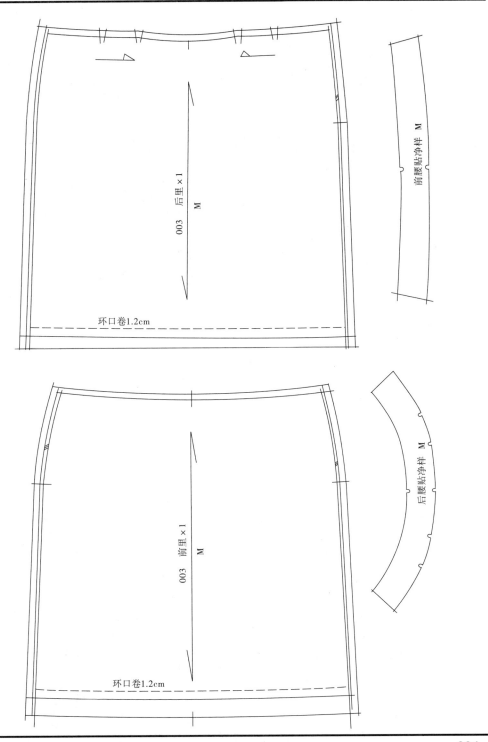

后里×1
003   M

环口卷1.2cm

前里×1
003   M

环口卷1.2cm

前腰贴净样 M

后腰贴净样 M

SKETCH/图片
及细节说明

规格（厘米）

部位	成衣尺寸	纸样尺寸	确认尺寸
后中长	88	88	
前中长			
侧骨长			
内长			
腰头高			
腰围(放松平量)	68	68	
腰围(拉开平量)			
坐围	92	92.5	
上坐围			
下坐围			
膝围	102	102	
脾围(浪底度)			
胸围	144＋24	144＋24	
叉长			
腰带长×宽			
袋高			
袋宽			
袋盖高			
袋盖宽			
耳仔长			
耳仔宽			
前浪(连腰)			
后浪(连腰)			

辅料明细

钮	号		粒
哨钮	号		粒
拉链	隐形	∨	双骨
	单骨		
勾仔		1对	
裙扣			
肩棉			
其他			

工艺要求：

面料小样

面料用量：＿＿＿＿　　　面料布号：＿＿＿＿
里料用量：＿＿＿＿　　　发单日期：＿＿＿＿
朴布用量：＿＿＿＿　　　起办日期：＿＿＿＿
其他用量：＿＿＿＿　　　定办日期：＿＿＿＿

设计师：　　　　　　　　纸样师：

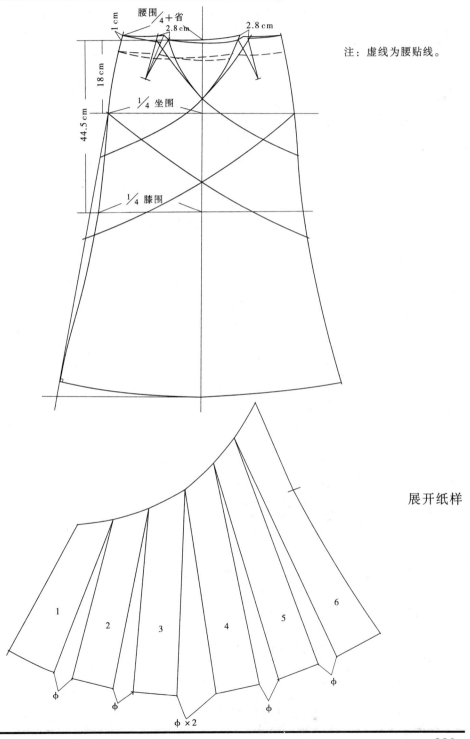

注：虚线为腰贴线。

腰围/4+省

1 cm
2.8 cm
2.8 cm

18 cm

44.5 cm

1/4 坐围

1/4 膝围

展开纸样

1 2 3 4 5 6

φ φ φ×2 φ φ

工业纸样的应用——鱼尾裙(正腰)

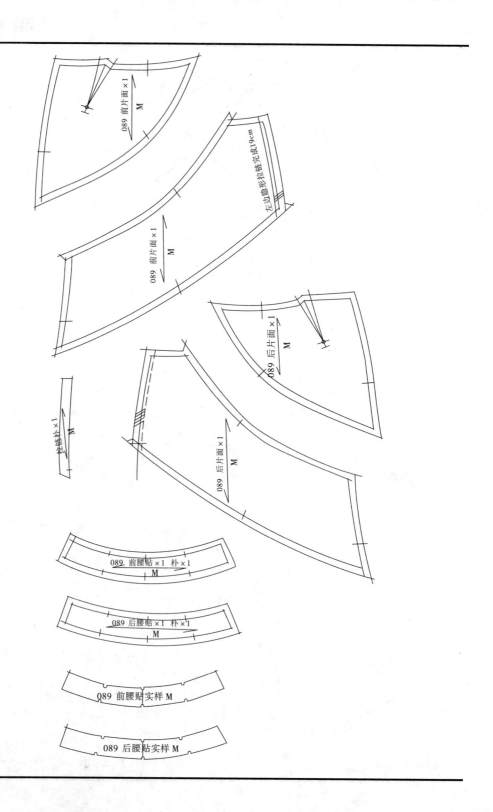

089 前片面×1 M

089 前片面×1 M

左边隐形拉链完成19cm

089 后片面×1 M

089 后片面×1 M

拉链朴×1 M

089 前腰贴×1 朴×1 M

089 后腰贴×1 朴×1 M

089 前腰贴实样 M

089 后腰贴实样 M

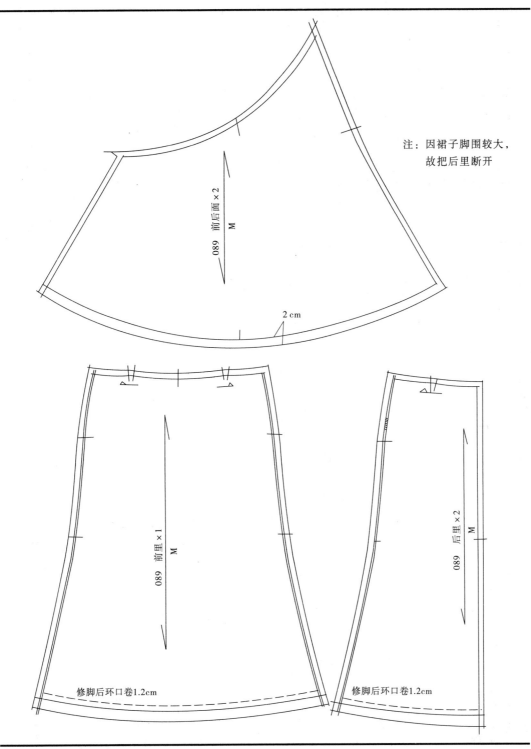

注：因裙子脚围较大，
故把后里断开

2 cm

089 前后面×2
M

089 前里×1
M

089 后里×2
M

修脚后环口卷1.2cm

修脚后环口卷1.2cm

季节：＿＿＿＿　款式：＿＿＿＿　款号：＿＿＿＿　组别：＿＿＿＿

SKETCH/图片
及细节说明

及膝裙
A型
前片有两个褶，裙封至带的位置。
正腰。

辅料明细

	号		
纽	号		粒
啤纽	号		粒
拉链	隐形 ∨	单骨	双骨
勾仔		1对	
裙扣			
肩棉			
其他	日字扣		

工艺要求：

规格(厘米)

部位	成衣尺寸	纸样尺寸	确认尺寸
后中长	67	67.5	
前中长			
侧骨长			
内长			
腰头高			
腰围(放松平量)	69.5	69.5	
腰围(拉开平量)			
坐围	92	93	
上坐围			
下坐围			
膝围			
脾围(浪底度)			
脚围	108+(8.5×2)	108+(8.5×2)	
叉长			
腰带长×宽			
袋高			
袋宽			
袋盖高			
袋盖宽			
耳仔长			
耳仔宽			
前浪(连腰)			
后浪(连腰)			

面料小样

设计师：＿＿＿＿　纸样师：＿＿＿＿

面料用量：＿＿＿＿　面料布号：＿＿＿＿

里料用量：＿＿＿＿　发单日期：＿＿＿＿

朴布用量：＿＿＿＿　起办日期：＿＿＿＿

其他用量：＿＿＿＿　定办日期：＿＿＿＿

236

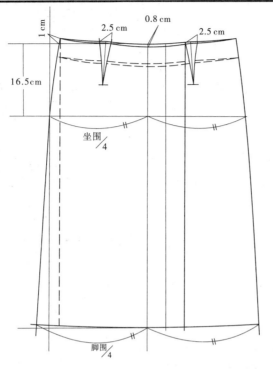

1. 虚线为前后腰贴线
和左前片线。
2. 实线为右前片线和
后片线。

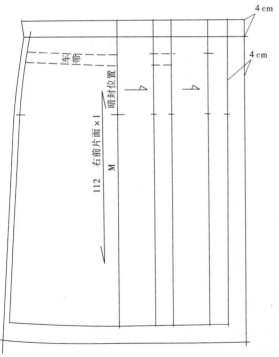

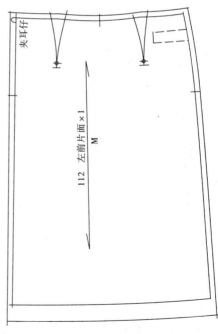

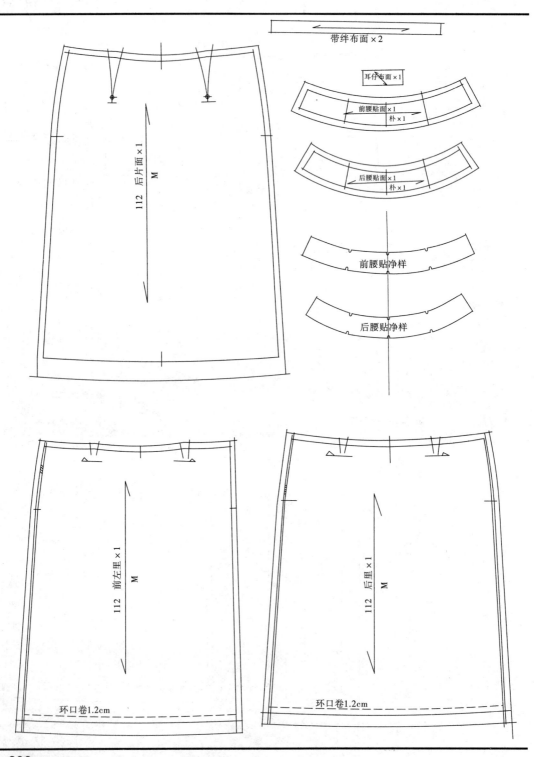

带绊布面×2

耳仔布面×1

前腰贴面×1
朴×1

后腰贴面×1
朴×1

前腰贴净样

后腰贴净样

112 后片面×1 M

112 前左里×1 M

112 后里×1 M

环口卷1.2cm

环口卷1.2cm

季节：_____　款式：_____　款号：012　组别：_____

SKETCH/图片
及细节说明

褶裙，底腰3cm，上部分分割
宽度8cm，抽褶的量可多些。

8cm

规格(厘米)

部位	成衣尺寸	纸样尺寸	确认尺寸
后中长	71	72	
前中长		72	
侧骨长			
内长			
腰头高			
腰围(放松平量)	72	72	
腰围(拉开平量)			
坐围(基础)	92	93	
上坐围			
下坐围			
膝围			
脚围(浪底度)			
胸围(基础)	108	108	
叉长			
腰带(长×宽)			
袋高			
袋宽			
袋盖高			
袋盖宽			
耳仔长			
耳仔宽			
前浪(连腰)			
后浪(连腰)			

辅料明细

纽	号		粒
啪纽	号		粒
拉链	隐形	✓	双骨
	单骨		
勾仔		1对	
裙扣			
肩棉			
其他			日字扣

工艺要求：

纸样师：　　　　　设计师：

面料小样

面料布号：_____
发单日期：_____
起办日期：_____
定办日期：_____

面料用量：_____
里料用量：_____
朴布用量：_____
其他用量：_____

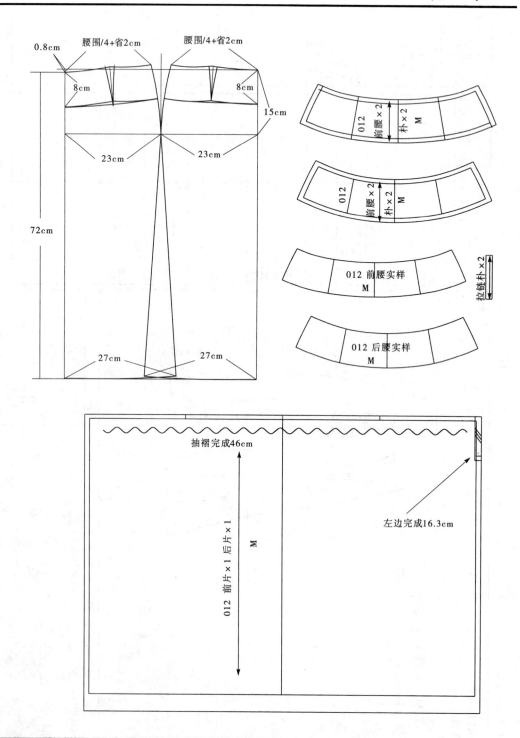

腰围/4+省2cm   腰围/4+省2cm

0.8cm

8cm   8cm

15cm

23cm   23cm

72cm

27cm   27cm

012 前腰×2   朴×2   M

012   前腰×2   朴×2   M

012 前腰实样 M   拉链朴×2

012 后腰实样 M

抽褶完成46cm

左边完成16.3cm

012 前片×1 后片×1   M

季节：_____　款式：_____　款号：_____016_____　组别：_____

SKETCH/图片
及细节说明

宽脚长裤
包腰头1cm宽
前中隐形拉链

规格(厘米)

部位	成衣尺寸	纸样尺寸	确认尺寸
后中长			
前中长			
裤骨长	104	104.8	
内长	1	1	
腰头高(放松平量)			
腰围(放松平量)	68	68	
腰围(拉开平量)			
坐围	93	94	
上坐围			
下坐围	57.5	57.5	
膝围			
脾围(浪底度)	57.5	57.5	
脚围			
叉长			
腰带(长×宽)			
袋高			
袋宽			
袋盖高			
袋盖宽			
耳仔长			
耳仔宽			
前浪(连腰)	26	26	
后浪(连腰)	36	35.4	

辅料明细

纽	号	粒
唆纽	号	粒
拉链	隐形	
勾仔	单骨	双骨
裙扣		
肩棉		
其他		

工艺要求：

面料小样

面料料布号：_____
发单日期：_____
起办日期：_____
定办日期：_____

设计师：_____　纸样师：_____

面料用量：_____
里料用量：_____
朴布用量：_____
其他用量：_____

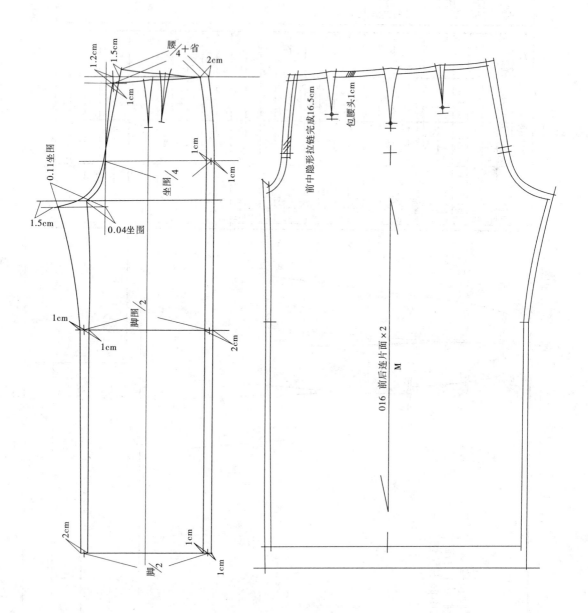

腰/4+省

1.2cm
1.5cm
2cm

1cm

0.11坐围

1.5cm

0.04坐围

坐围/4

1cm
1cm

脚围/2

1cm
1cm

2cm

2cm
1cm
1cm

脚/2

前中隐形拉链完成16.5cm

包腰头1cm

016 前后连片面×2

M

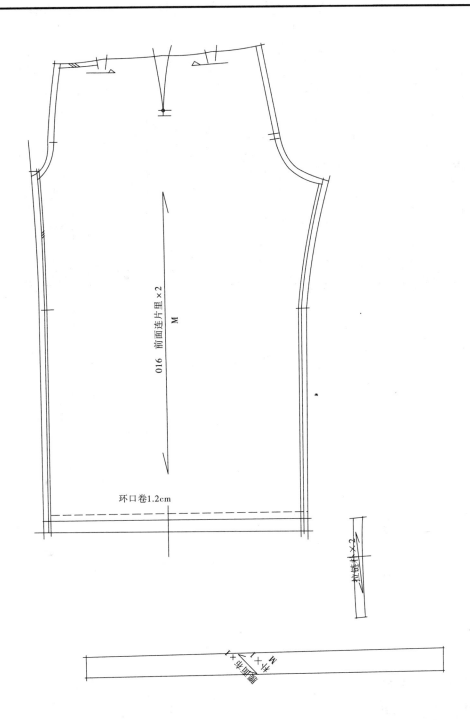

环口卷1.2cm

016 前面连片里×2 M

季节：_____   款式：_____   款号：_____ 056   组别：_____   下身办单

SKETCH/图片
及细节说明

直筒型长长裤，正腰、两只省，腰高4cm无里。
前后各两只省，

规格(厘米)
部位	成衣尺寸	纸样尺寸	确认尺寸
后中长			
前中长			
侧骨长	104	104.5	
内长	4	4	
腰头高			
腰围(放松平量)	68	68	
腰围(拉开平量)			
坐围	93	94	
上坐围			
下坐围			
腰围	46.5	46.8	
脾围(浪底皮)			
脚围	46.5	46.8	
叉长			
腰带(长×宽)			
袋长			
袋高			
袋盖高			
袋盖宽			
耳仔长			
耳仔宽			
前浪(连腰)	26	26	
后浪(连腰)	36	35.4	

辅料明细		
钮 号	28#	粒
钮 号		粒
啪钮 号		
拉链	隐形	
裙骨	单骨	双骨 ✓
勾仔		
裙扣		
肩棉		
其他		

工艺要求：

面料小样

面料用量：_____   面料布号：_____
里料用量：_____   发单日期：_____
朴布用量：_____   起办日期：_____
其他用量：_____   定办日期：_____

设计师：_____   纸样师：_____

244

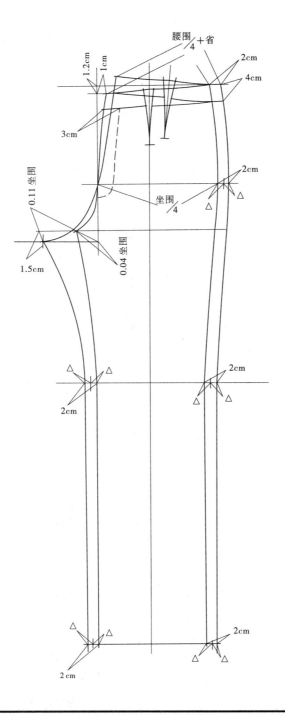

注：虚线为右前片
压拉链位线。

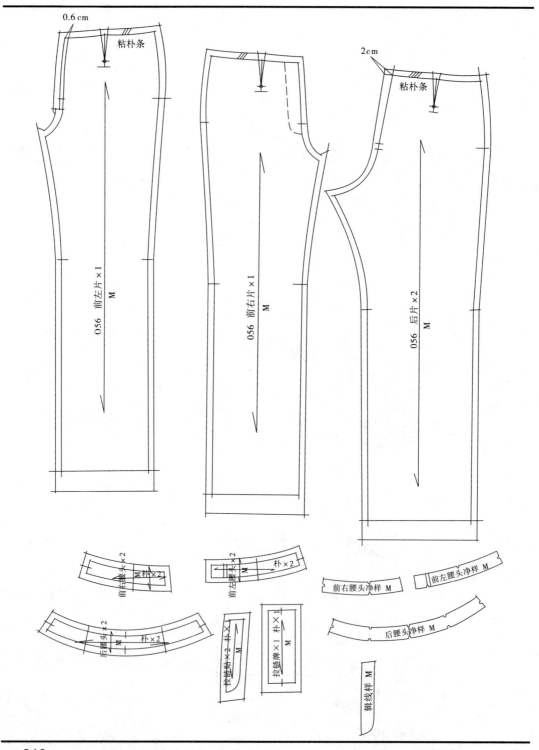

季节：_____　　款式：_____　　款号：088

组别：_____

辅料明细

			粒	
钮	号	28#	粒	
啪钮	号			
拉链	隐形			
	单骨		双骨	√
勾仔				
裙扣				
肩棉				
其他				
				1

工艺要求：

规格(厘米)

部位	成衣尺寸	纸样尺寸确认尺寸
后中长		
前中长	102.8	103.5
侧骨长		
内长		
腰头高	3.5	3.5
腰围(放松平量)	70	70
腰围(拉开平量)		
坐围	93	94
上坐围		
下坐围		
膝围	46.5	46.5
脾围(浪底度)		
脚围	46.5	46.5
叉长		
腰带(长×宽)		
袋高	13	13
袋宽		
袋盖高		
袋盖宽		
耳仔长		
耳仔宽		
前浪(连腰)	24.8	24.3
后浪(连腰)	34.3	34.5

SKETCH/图片
及细节说明

腰低1.2 cm
前有斜插袋
前腰高3.5 cm
斜插袋及分割线压线0.3 cm

面料小样

纸样师：　　　　设计师：

面料布号：_____
发单日期：_____
起办日期：_____
定办日期：_____

面料用量：_____
里料用量：_____
朴布用量：_____
其他用量：_____

247

工业纸样的应用——直筒裤

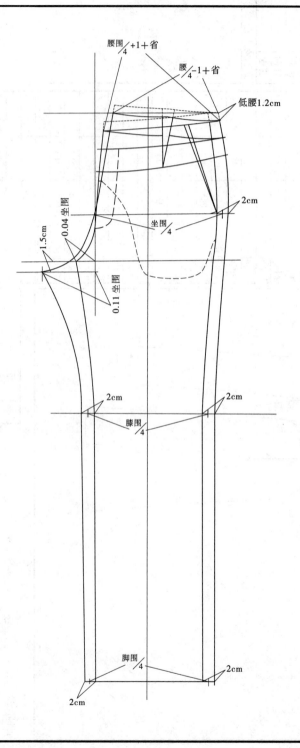

$\dfrac{腰围}{4}+1+省$

$\dfrac{腰}{4}-1+省$

低腰1.2cm

2cm

$\dfrac{坐围}{4}$

0.04坐围

1.5cm

坐围

0.11坐围

2cm   2cm

$\dfrac{膝围}{4}$

$\dfrac{脚围}{4}$

2cm

2cm

注：虚线右前片拉
链位线和袋布线。

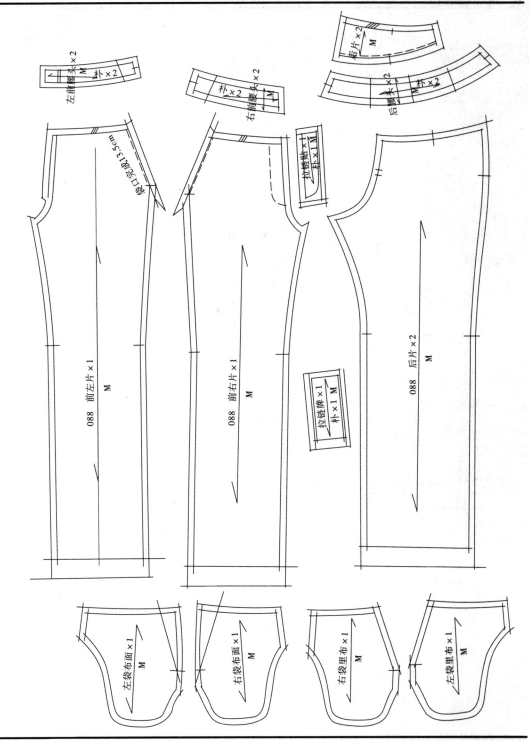

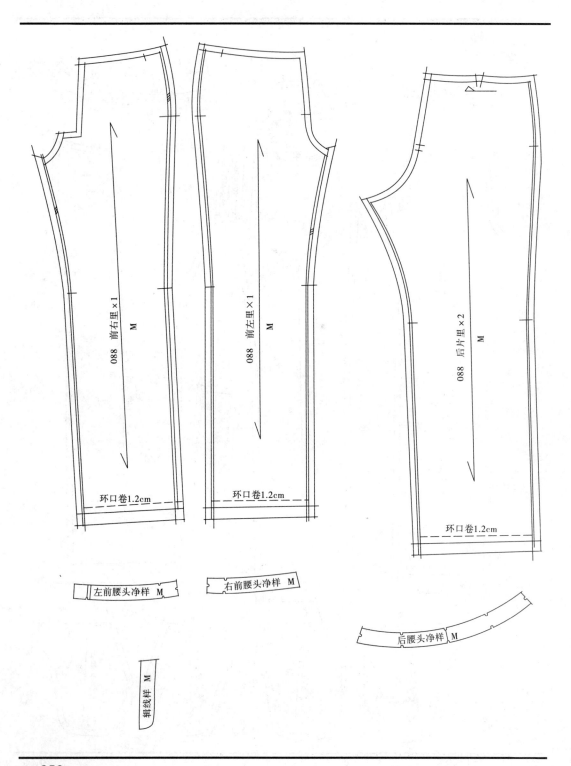

088 前右里 ×1　M

环口卷1.2cm

088 前左里 ×1　M

环口卷1.2cm

088 后片里 ×2　M

环口卷1.2cm

左前腰头净样 M

右前腰头净样　M

后腰头净样　M

辑线样　M

季节：＿＿＿＿　款式：＿＿＿＿　款号：023　组别：＿＿＿＿

SKETCH/图片
及细节说明

针织上衣，
圆领，中袖，
下脚拉绷缝3cm
袖口拉绷缝2.5cm

辅料明细		
纽	号	粒
啪纽	号	粒
拉链	隐形	双骨
勾仔	单骨	
裙扣		
肩棉		
其他		

部位	规格（厘米）		
	成衣尺寸	纸样尺寸	确认尺寸
后中长	49.5	49.5	
前长(肩度)			
前长(侧背度)			
全肩宽	36.5	36.5	
小肩宽	3	3	
胸阔(夹底度)	85	85	
前胸宽			
后背宽			
腰围	74	74	
坐围			
胸围	85	85	
领横			
前领深			
后领深			
后中领高			
领头			
后中袖长	27	27	
袖长	27	27	
袖肥			
夹圈(弯度)			
袖口(扣起)	24	24	
介英高			
介英宽			
袋高			
袋宽			
袋盖高			
袋盖宽			
筒高			
叉长			

工艺要求：

纸样师：

设计师：

面料小样

面料布号：＿＿＿＿
发单日期：＿＿＿＿
起办日期：＿＿＿＿
定办日期：＿＿＿＿

面料用量：＿＿＿＿
里料用量：＿＿＿＿
朴布用量：＿＿＿＿
其他用量：＿＿＿＿

251

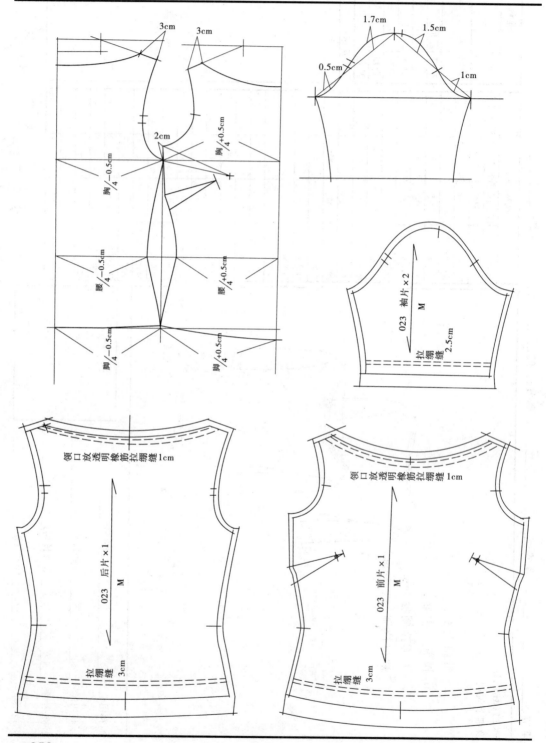

SKETCH图片
双细节说明

针织上衣，
斜高领领高7.5 cm左边
做隧道道穿带，带宽0.6 cm。

规格(厘米)

部位	成衣尺寸	纸样尺寸	确认尺寸
后中长	60.5	60.5	
前长(肩度)			
前长(侧肩度)	36.5	36.5	
全肩宽			
单肩宽			
胸围(夹底度)	85	85	
前胸宽			
后背宽			
腰围	75	75	
坐围			
胸围	88	88	
领横			
前领深			
后领深			
后中领高			
领尖			
后中袖长			
袖长	58	58	
袖肥	29.5	29.5	
夹圈(弯度)			
袖口(扣起)	21	21	
介英高			
介英宽			
袋高			
袋宽			
袋盖高			
袋盖宽			
筒宽			
叉长			

辅料明细

纽	号	粒
哨纽	号	粒
拉链	隐形	双骨
勾仔	单骨	
裙扣		
肩棉		
其他		

工艺要求：

面料用量：
里料用量：
朴布用量：
其他用量：

面料布号：
发单日期：
起办日期：
定办日期：

面料小样

设计师：　　　　纸样师：

工业纸样的应用——针织上衣

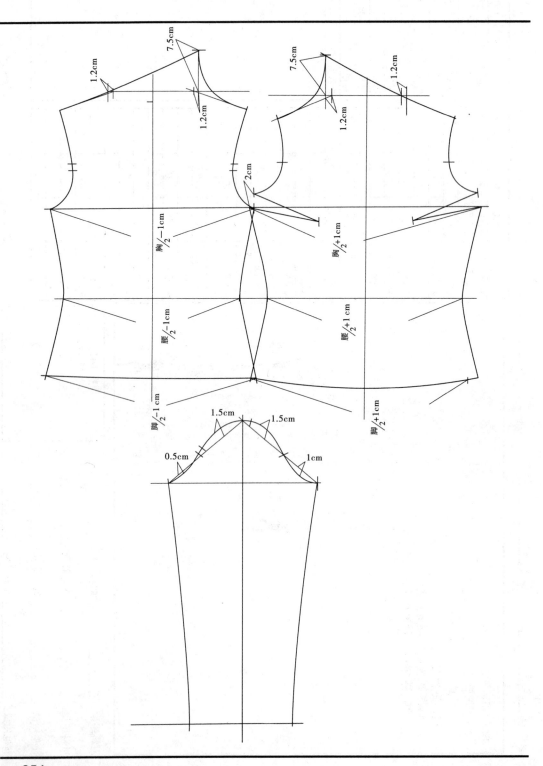

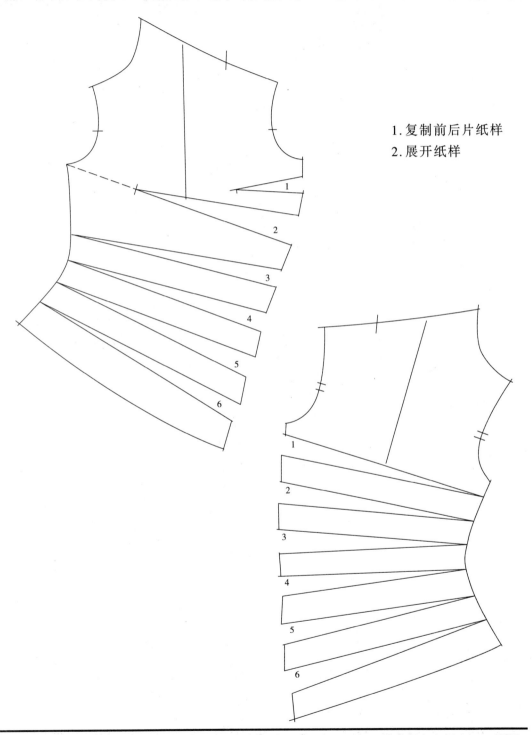

1. 复制前后片纸样
2. 展开纸样

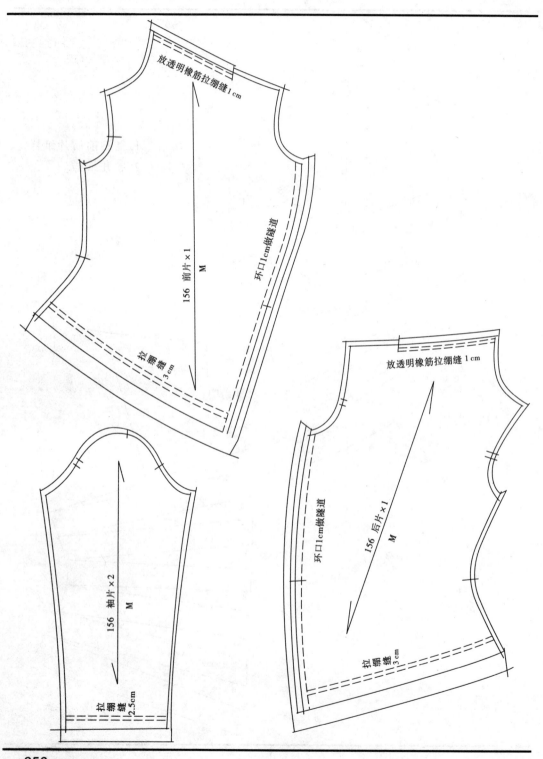

放透明橡筋拉绷缝1cm

156 前片×1 M

环口1cm做隧道

拉绷缝 3cm

放透明橡筋拉绷缝1cm

环口1cm做隧道

156 后片×1 M

拉绷缝 3cm

156 袖片×2 M

拉绷缝 2.5cm

季节：_____ 款式：_____ 款号：178 组别：_____

SKETCH/图片
及细节说明

针织上衣，
领围要试
布料的大小
定领围尺寸
左侧有3个褶、
里外双层互车。

规格（厘米）

部位	成衣尺寸	纸样尺寸	确认尺寸
后中长	59.5	59.5	
前长(肩度)			
前长(侧背度)			
全肩宽	36.5	36.5	
单肩宽			
胸围(夹底度)	85	85	
前胸宽			
后背宽			
腰围	75	75	
坐围			
胸围	89	89	
领横			
前领深			
后领深			
后中领高	7.5	7.5	
领头			
后中袖长			
袖长	58	58	
袖肥	29	29	
夹圈(弯度)			
袖口(扣起)	21	21	
介英长			
介英高			
袋高			
袋宽			
袋盖高			
袋盖宽			
筒宽			
叉长			

辅料明细

纽	号		粒
啪纽	号		粒
拉链	隐形	双骨	
勾仔	单骨		
裙扣			
肩棉			
其他			

工艺要求：
1. 领口，脚口落透明橡筋。
2. 拉绷缝前先车线固定。
3. 面里两层互车面布走进1cm。

面料小样

纸样师：
设计师：

面料布号：
发单日期：
起办日期：
定办日期：

面料用量：
里料用量：
朴布用量：
其他用量：

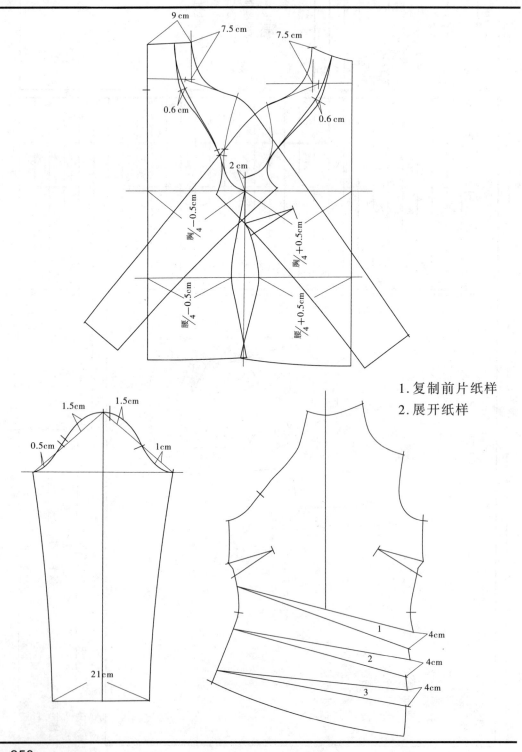

1. 复制前片纸样
2. 展开纸样

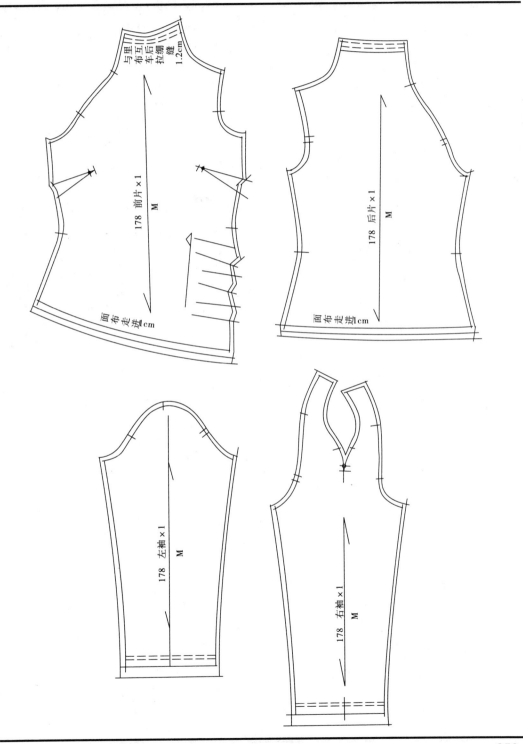

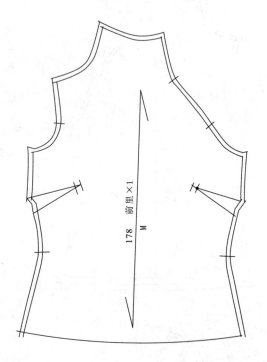

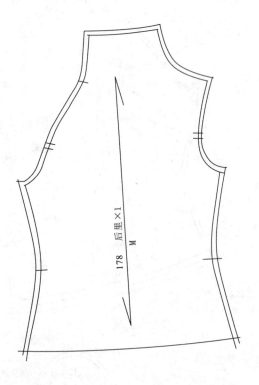

下身办单

季节：＿＿＿＿＿＿　款式：＿＿＿＿＿＿　款号：127　组别：＿＿＿＿＿＿

SKETCH/图片

双细节说明
全件来去包缝
下脚卷边0.6cm

规格(厘米)

部位	成衣尺寸	纸样尺寸	确认尺寸
后衣长	56	56.5	
前长(肩度)			
前长(侧背度)			
全肩宽	38	38	
单肩宽			
胸围(夹底度)	90.5	91	
前胸宽			
后背宽	77.5	71.5	
腰围			
坐围	92.5	93	
脚围			
领横			
前领深			
后领深			
后中领高			
领尖			
后中袖长	58.5	59	
袖长			
袖肥	32	32.5	
夹圈(弯度)			
袖口(扣起)	19	19	
介英高	6	6	
介英宽			
袋高			
袋宽			
袋盖高			
袋盖宽			
筒宽	3	3	
叉长			

辅料明细

钮	号	18#	粒	7
啪钮	号		粒	
拉链		隐形	双骨	
勾仔		单骨		
裙扣				
肩棉				
其他				

工艺要求：

面料小样

设计师：　　　　　　纸样师：

面料布号：＿＿＿＿＿＿
发单日期：＿＿＿＿＿＿
起办日期：＿＿＿＿＿＿
定办日期：＿＿＿＿＿＿

面料用量：＿＿＿＿＿＿
里料用量：＿＿＿＿＿＿
朴布用量：＿＿＿＿＿＿
其他用量：＿＿＿＿＿＿

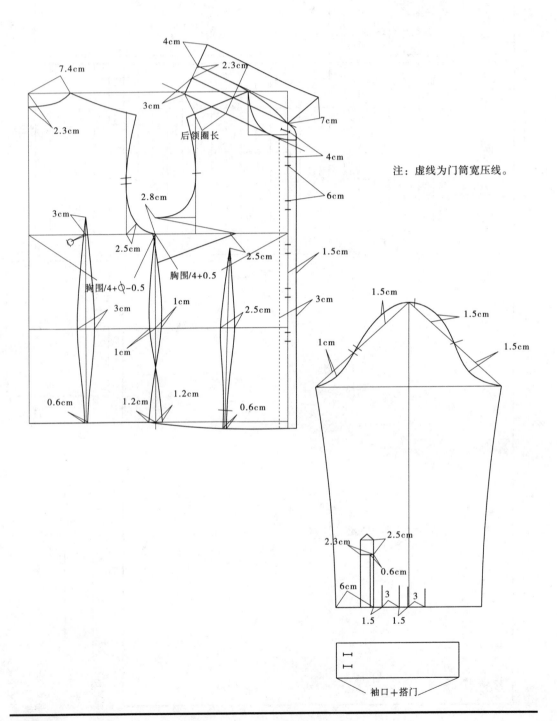

注：虚线为门筒宽压线。

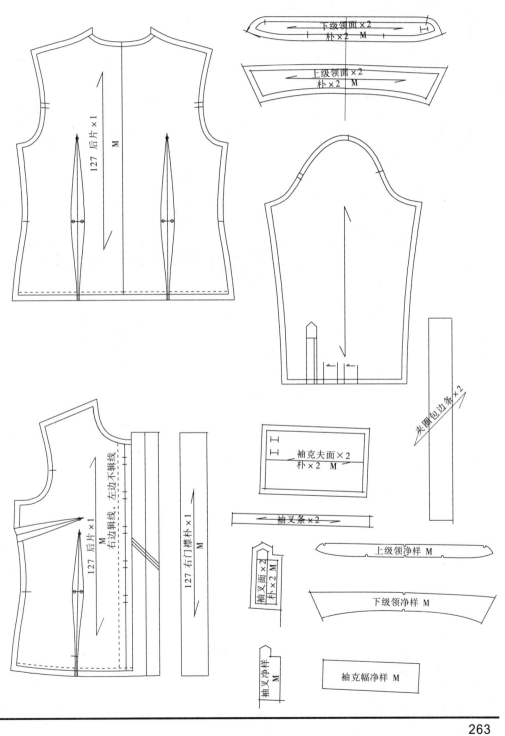

下级领面×2
朴×2 M

上级领面×2
朴×2 M

127 后片×1
M

127 后片×1
M
右边辑线，左边不辑线

127 右门襟朴×1
M

夹嘴包边条×2

袖克夫面×2
朴×2 M

袖叉条×2

袖叉面×2
朴×2 M

上级领净样 M

下级领净样 M

袖叉净样
M

袖克幅净样 M

SKETCH/图片

及细节说明

前片金属拉链3条

带宽2.5cm,配日字

扣。

明线0.6cm

2.5cm

辅料明细

	号		
钮	号 24	粒	1
啪钮	号	粒	
拉链	隐形		
3条	单骨	双骨	✓
勾仔			
裙扣			
肩棉			
其他			

工艺要求：

规格(厘米)

部位	成衣尺寸	纸样尺寸	确认尺寸
后中长	50	51	
前长(肩度)			
前长(侧骨度)			
全肩宽	39	39	
单肩宽			
胸围(夹底度)	93	94	
前胸宽			
后背宽			
腰围	85	84	
坐围			
胸围	94	94.5	
领横			
前领深			
后领深			
后中领高	7.5	7.5	
领尖			
后中袖长			
袖长	59	59.5	
袖肥	34	34.5	
夹圈(弯度)			
袖口(扣起)	25		
介英高			
介英宽			
袋高			
袋宽			
袋盖高			
袋盖宽			
筒宽			
叉长			

面料小样

面料用量： 里料用量： 朴布用量： 其他用量：

面料布号： 发单日期： 起办日期： 定办日期：

纸样师： 设计师：

264

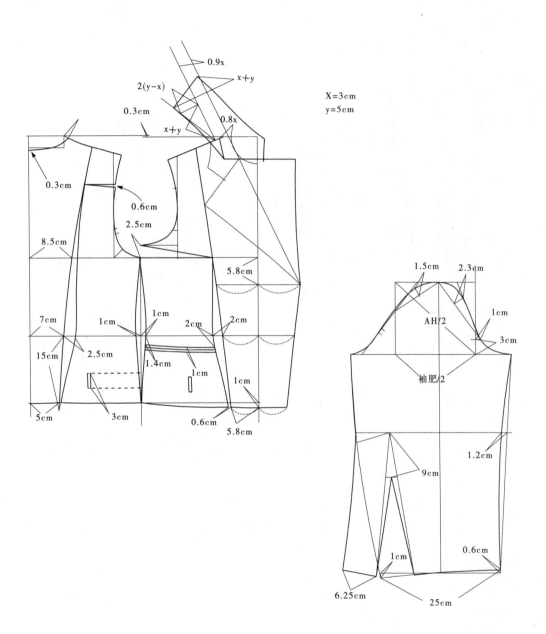

X=3cm
y=5cm

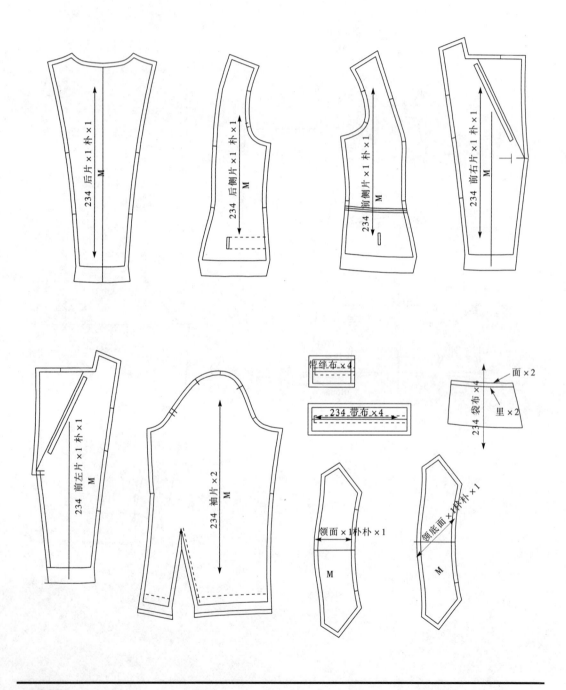

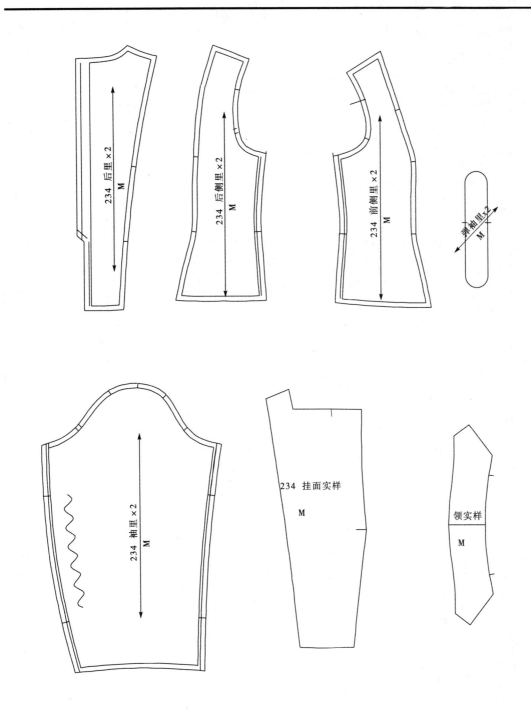

234 后里 ×2 M

234 后侧里 ×2 M

234 前侧里 ×2 M

弹袖里×2 M

234 袖里 ×2 M

234 挂面实样 M

领实样 M

季节： 款式： 款号： 098 组别：

辅料明细

纽	号	28	粒	4
啤纽	号		粒	
拉链	隐形			
勾仔	单骨		双骨	
裙扣				
肩棉				
其他				

工艺要求：

规格(厘米)

部位	成衣尺寸	纸样尺寸	确认尺寸
后中长	54.5	55	
前长(肩度)			
前长(侧骨度)			
全肩宽	38.5	38.5	
单肩宽			
胸围(夹底度)	92	93	
前胸宽			
后背宽			
腰围	78	77	
坐围			
胸围	98	99	
领横			
前领深			
后领深			
后中领高	8	8	
领尖			
后中袖长	58.5	59	
袖长			
袖肥	33	33.5	
夹圈(弯度)			
袖口(扣起)	24.5	25	
介英高			
介英宽			
袋高			
袋宽			
袋盖高			
袋盖宽			
筒宽			
叉长			

SKETCH/图片
细节说明
双细节处做分割处理，圆脚
袖级10cm，全件0.6cm明线。

10cm

小圆角

面料小样

设计师： 纸样师：

面料布号：
发单日期：
起办日期：
定办日期：

面料用量：
里料用量：
朴布用量：
其他用量：

268

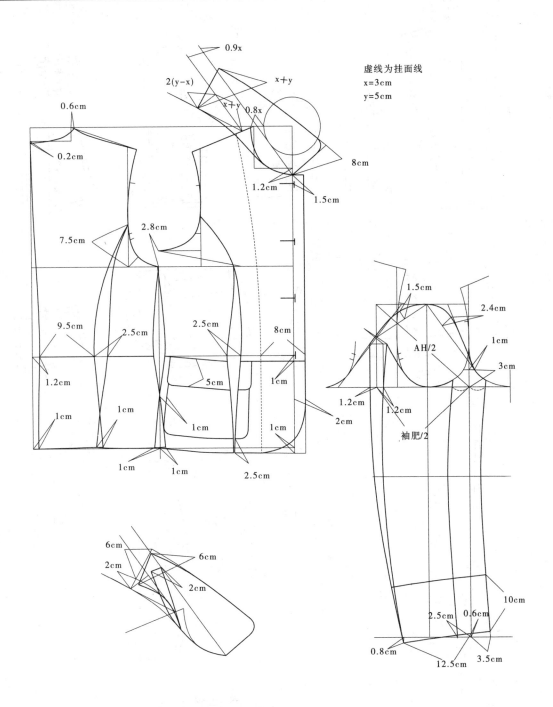

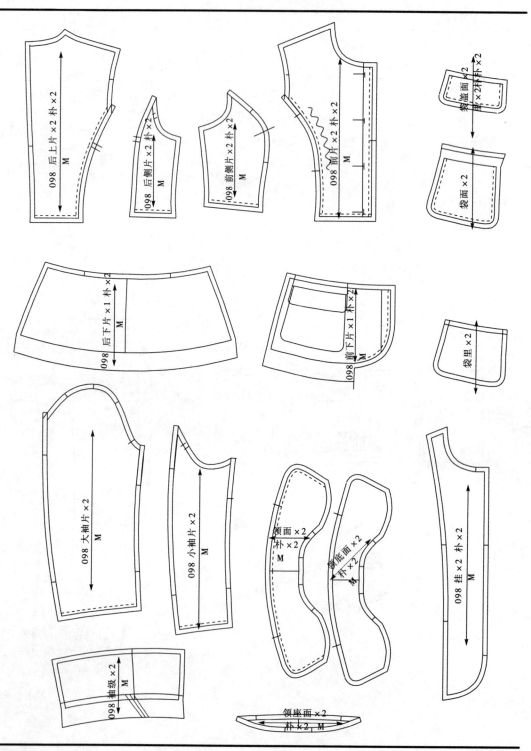

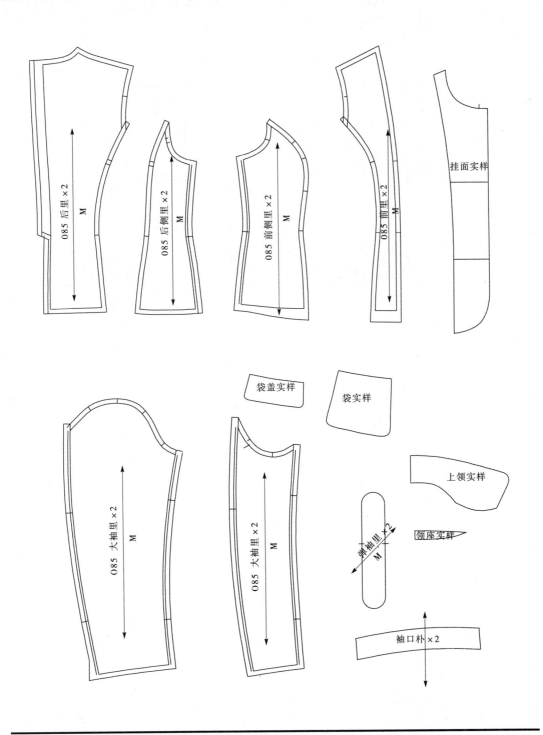

挂面实样

袋盖实样

袋实样

085 后里×2 M

085 后侧里×2 M

085 前侧里×2 M

085 前里×2 M

085 大袖里×2 M

085 大袖里×2 M

小袖里×2 M

上领实样

领座实样

袖口朴×2

季节： 秋冬　　**款式：**　　**款号：** W1028　　**组别：** 3

辅料明细

纽	号	28# 18#	粒	1+3
啪纽	号		粒	
拉链	隐形		单骨	
勾仔			双骨	
裙扣				
肩棉				
其他				

工艺要求：

规格（厘米）

部位	成衣尺寸	纸样尺寸	确认尺寸
后中长	53	53.5	
前长(肩度)			
前长(侧骨度)			
全肩宽	38.5	39	
单肩宽			
胸围(夹底度)	92	93	
前胸宽			
后背宽			
腰围	78	77	
坐围	98	98.5	
胸围	9	9	
领横			
前领深			
后领深	9	9	
后中领高			
领尖			
后中袖长	58.5	59	
袖肥	33.5	34	
夹圈(弯度)			
袖口(扣起)	25	25	
介英高			
介英宽			
袋宽			
袋高			
袋盖高			
袋盖宽	3	3	
筒高			
叉长			

SKETCH/图片
及细节说明

外套褛：
暗门筒前后公主骨，
领型较平，筒宽3cm，
无肩棉。

面料小样

面料用量：
里料用量：
朴布用量：
其他用量：

面料布号：
发单日期：
起办日期：
定办日期：

设计师：
纸样师：

272

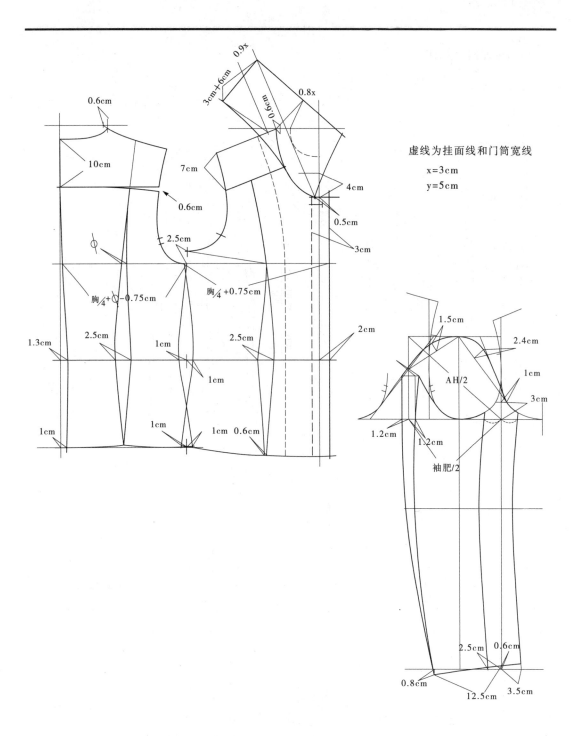

虚线为挂面线和门筒宽线
x=3cm
y=5cm

0.9x

3cm+6cm

0.6cm

0.8x

0.6cm

10cm

7cm

0.6cm

4cm

0.5cm

3cm

2.5cm

胸/4+○-0.75cm

胸/4+0.75cm

1.3cm

2.5cm

1cm

2.5cm

2cm

1cm

1cm

1cm

1cm

1cm

0.6cm

1.5cm

2.4cm

AH/2

1cm

3cm

1.2cm

1.2cm

袖肥/2

2.5cm

0.6cm

0.8cm

12.5cm

3.5cm

工业纸样的应用——春秋衫

复制全部面布纸样

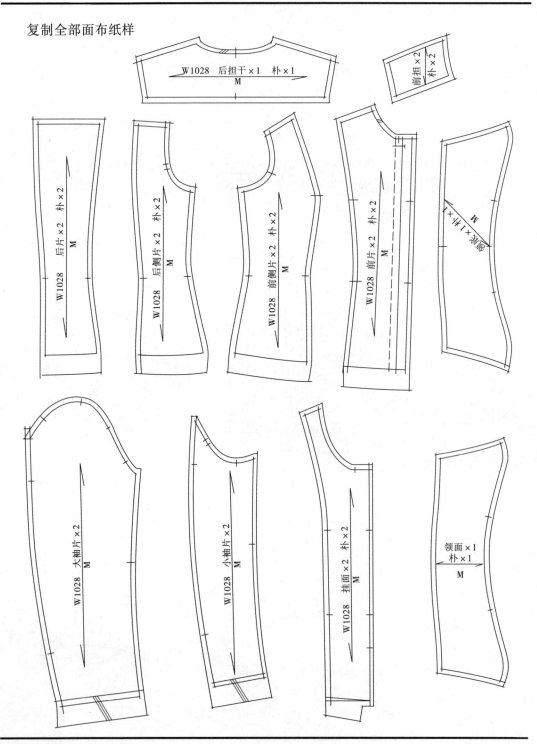

W1028　后担干×1　朴×1　M

前担×2　朴×2

W1028　后片×2　朴×2　M

W1028　后侧片×2　朴×2　M

W1028　前侧片×2　朴×2　M

W1028　前片×2　朴×2　M

挂面×1×朴×1　M

W1028　大袖片×2　M

W1028　小袖片×2　M

W1028　挂面×2　朴×2　M

领面×1　朴×1　M

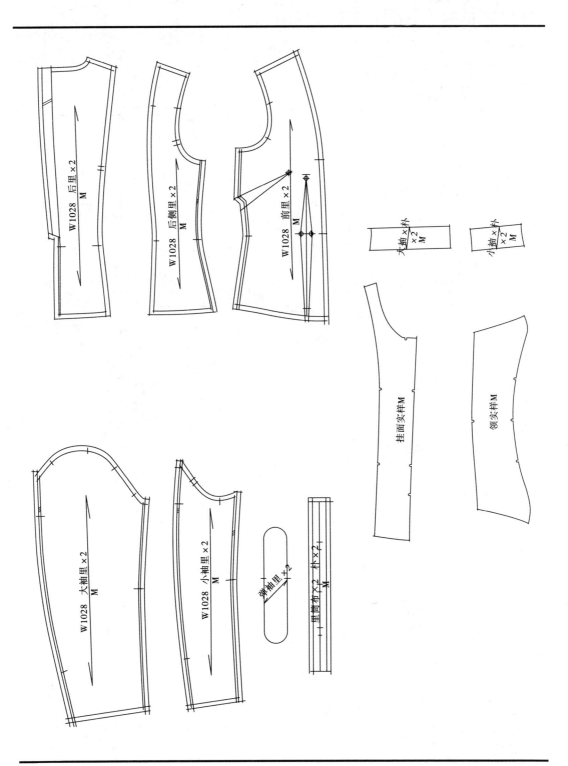

季节：＿＿＿＿ 款式：＿＿＿＿ 款号：＿085＿ 组别：＿＿＿＿ 上身办单

SKETCH图片
及细节说明

规格（厘米）

部位	成衣尺寸	纸样尺寸	确认尺寸
后中长	54.5	55	
前长(肩度)			
前长(侧骨度)			
全肩宽	38.5	38.5	
单肩宽			
胸围(夹底度)	92	93	
前胸宽			
后背宽			
腰围	78	77	
坐围			
胸围	98	99	
领围			
前领深			
后领深			
后中领高	7.5	7.5	
领尖			
后中袖长			
袖长	58.5	59	
袖肥	33	33.5	
夹圈(弯度)			
袖口(扣起)	24.5	25	
介英高			
介英宽			
袋高			
袋宽			
袋盖高			
袋盖宽			
筒宽			
叉长			

辅料明细

纽	号	28	粒	2
唛钮	号		粒	
拉链	隐形		双骨	
勾仔	单骨			
裙扣				
肩棉				
其他				

工艺要求：

纸样师：＿＿＿＿＿＿

面料布号：＿＿＿＿＿＿

发单日期：＿＿＿＿＿＿

起办日期：＿＿＿＿＿＿

定办日期：＿＿＿＿＿＿

设计师：＿＿＿＿＿＿

面料用量：＿＿＿＿＿＿

里料用量：＿＿＿＿＿＿

朴布用量：＿＿＿＿＿＿

其他用量：＿＿＿＿＿＿

面料小样

276

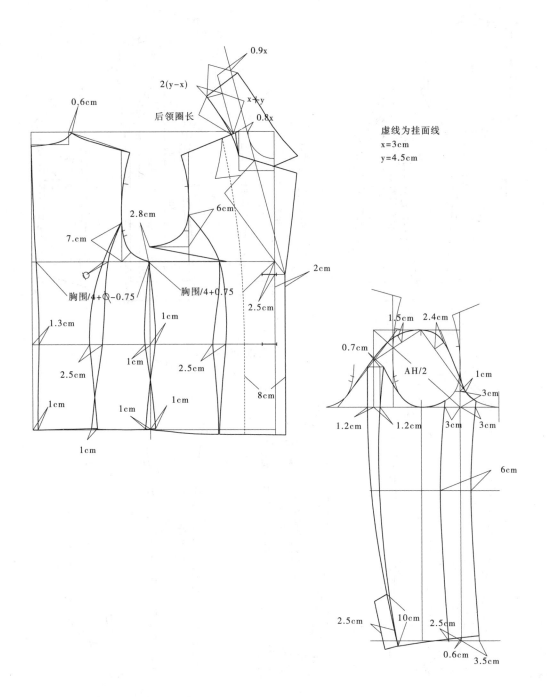

后领圈长

0.9x

2(y-x)

x+y

0.8x

0.6cm

虚线为挂面线
x=3cm
y=4.5cm

2.8cm

6cm

7.cm

2cm

胸围/4+凸-0.75

胸围/4+0.75

2.5cm

1.3cm

1cm

1cm

2.5cm

1cm

8cm

2.5cm

1cm

1cm

1cm

1cm

1.5cm

2.4cm

0.7cm

AH/2

1cm

3cm

1.2cm

1.2cm

3cm

3cm

6cm

2.5cm

10cm

2.5cm

0.6cm

3.5cm

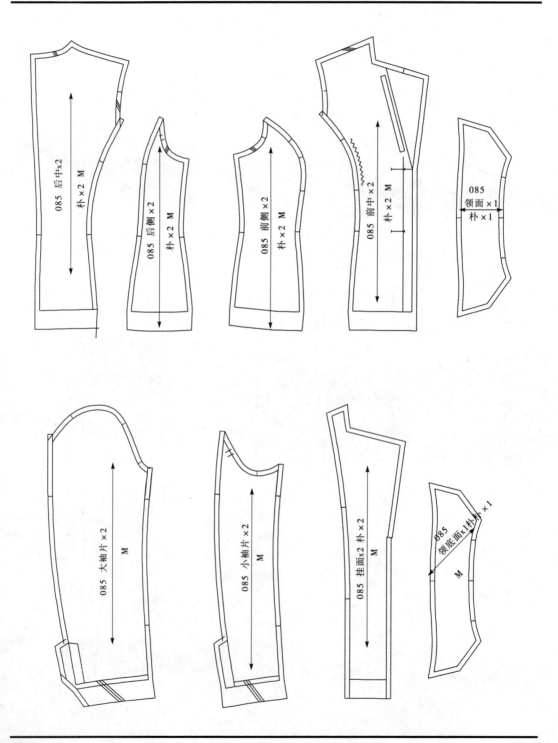

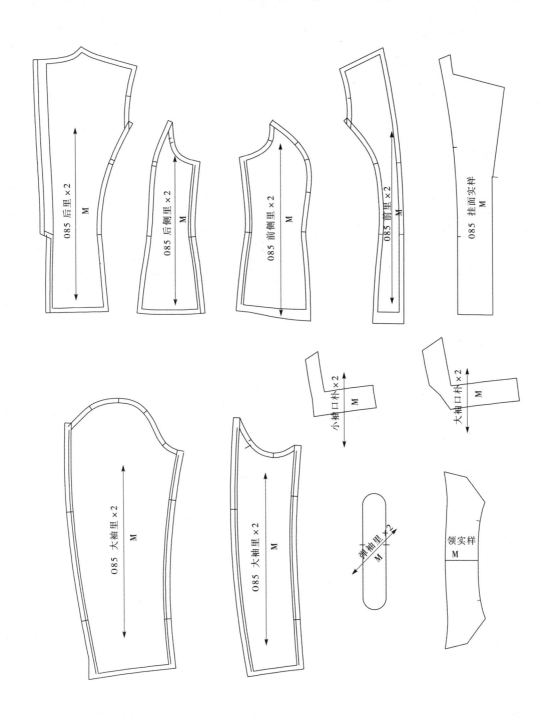

季节：　　　　　款式：　　　　　款号：　256　　　　　组别：　　　　　

SKETCH/图片及细节说明

西装
三开身，前片有双唇袋
无袋盖，袖口有叉，注
意后肩有小省，无肩棉。

部位	规格(厘米)		
	成衣尺寸	纸样尺寸	确认尺寸
后中长	67.5	68	
前长(肩度)			
前长(侧肩度)			
全肩宽	39	39	
单肩宽			
胸阔(夹底度)	93	94	
前胸宽			
后背宽	80	79	
腰围			
坐围			
胸围	105	105.5	
领横			
前领深	28	28	
后领深			
后中领高	7.5	7.5	
领尖			
后中袖长			
袖长	59	59.5	
袖肥	33.5	34	
夹圈(弯度)			
袖口(扣起)	25	25	
介英宽			
介英高			
袋高	1	1	
袋宽	14	14	
袋盖高			
袋盖宽			
筒宽			
叉长			

辅料明细

钮	号	28#	粒 3+6
钮	号		粒
啪钮			
拉链	隐形		双骨
勾仔	单骨		
裙扣			
肩棉			
其他			

工艺要求：

1. 落朴：前片、侧片、
领片、领面、领圈、
后背、袖口、落朴条。
挂面加落朴。
夹圈修大小止口。
2. 门襟对位，
保持领型平服。

面料小样

面料布号：　　　　　　　　纸样师：

发单日期：　　　　　　　　设计师：

起办日期：

定办日期：

面料用量：

里料用量：

朴布用量：

其他用量：

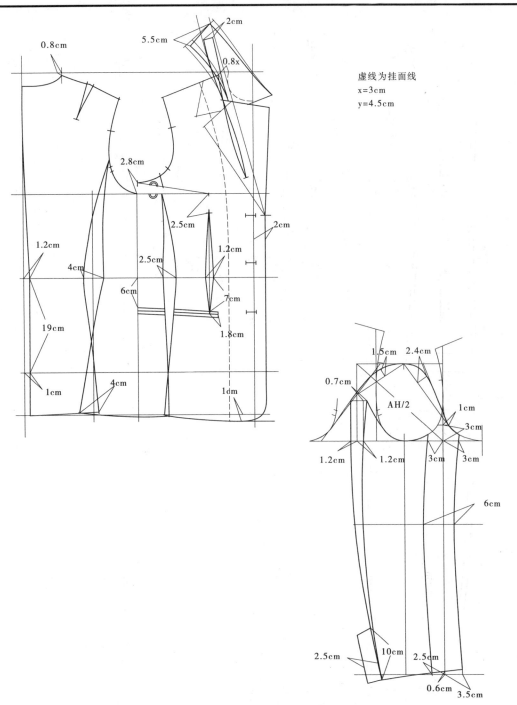

虚线为挂面线
x=3cm
y=4.5cm

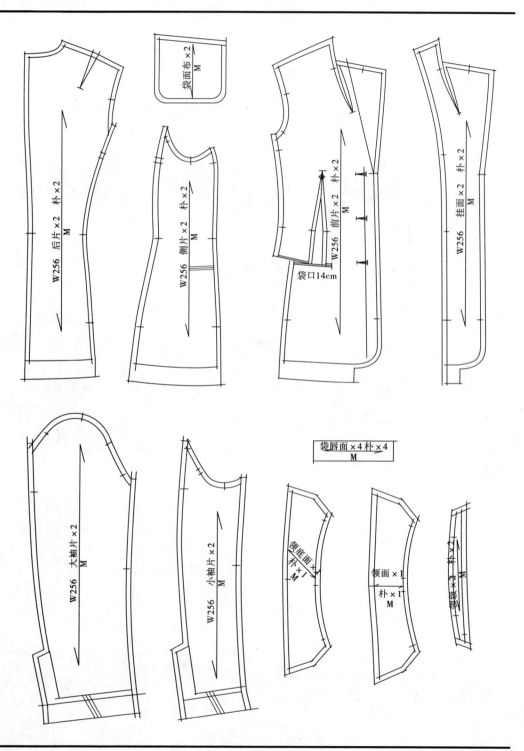

袋面布×2
M

W256 后片×2 朴×2
M

W256 侧片×2 朴×2
M

W256 前片×2 朴×2
袋口14cm

W256 挂面×2 朴×2
M

W256 大袖片×2
M

W256 小袖片×2
M

袋唇面×4 朴×4
M

领底面 朴×1
M

领面×1 朴×1
M

领座×2 朴×2
M

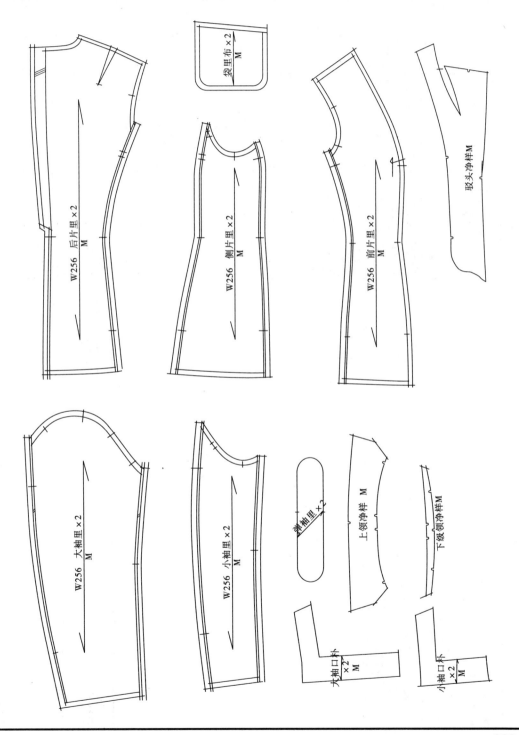

辅料明细

钮	号	32	粒	5
啪钮	号		粒	
拉链	隐形			
勾仔	单骨			
裙扣				
肩棉	双骨			
其他				

工艺要求：

1. 落朴：领面领底，领级、挂面，领口朴条。朴条单骨。
2. 绣花线手工做 领子，前后担干，前后夹圈，袖口下脚0.6cm，宽0.6cm，2.5cm 8针。

纸样师：

规格(厘米)

部位	成衣尺寸	纸样尺寸	确认尺寸
后中长	74	75	
前长(肩度)			
前长(侧骨度)			
全肩宽	3.5+40+3.5	3.5+40+3.5	
单肩宽			
胸阔(夹底度)	101	101.5	
前胸宽			
后背宽			
腰围			
坐围	108	108	
胸围	108	108	
领横	8.5	8.5	
前领深			
后领深	11	11	
后中领高			
领尖			
后中袖长	59.5	60	
袖长			
袖肥	37.5	38	
夹圈(弯度)			
袖口(扣起)	31.5	31.5	
介英高			
介英宽			
袋高	14	14	
袋宽			
袋盖高			
袋盖宽			
筒宽			
叉长			

设计师：

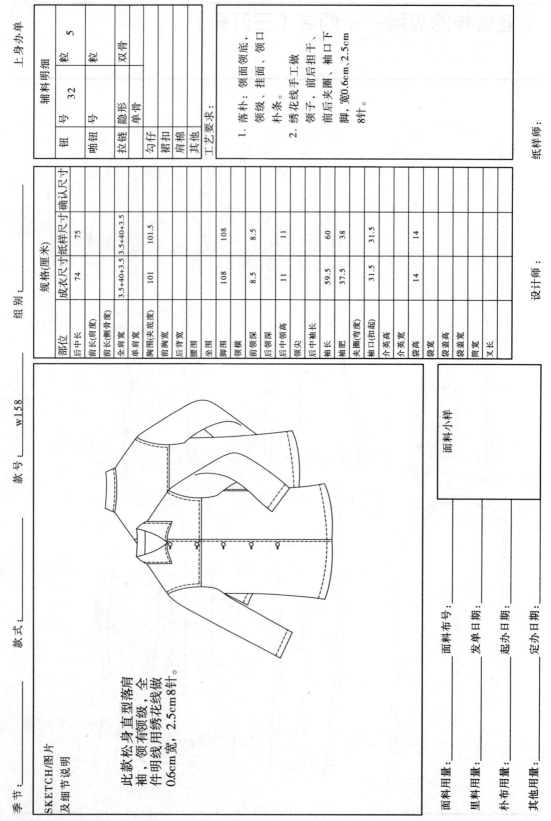

SKETCH/图片及细节说明

此款松身型直型落肩袖，领有领级，全件明线用绣花线做0.6cm宽，2.5cm8针。

季节：
款式：
款号：w158
组别：

面料小样

面料布号：
发单日期：
起办日期：
定办日期：

面料用量：
里料用量：
朴布用量：
其他用量：

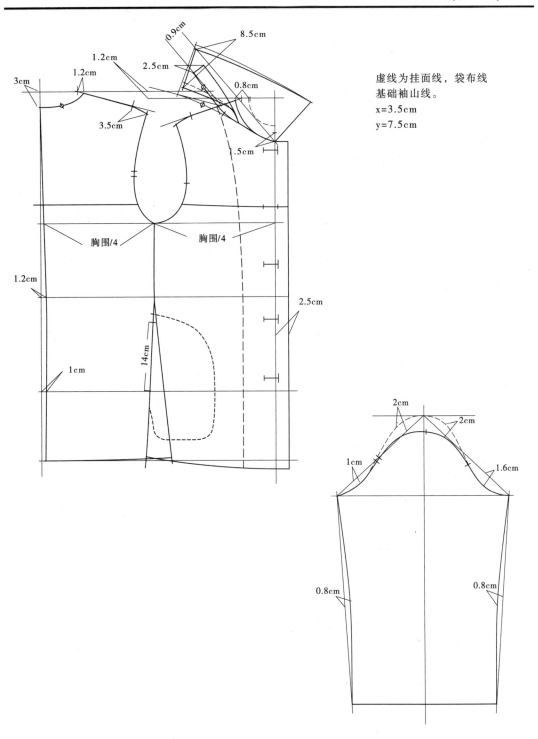

虚线为挂面线，袋布线
基础袖山线。
x=3.5cm
y=7.5cm

胸围/4

胸围/4

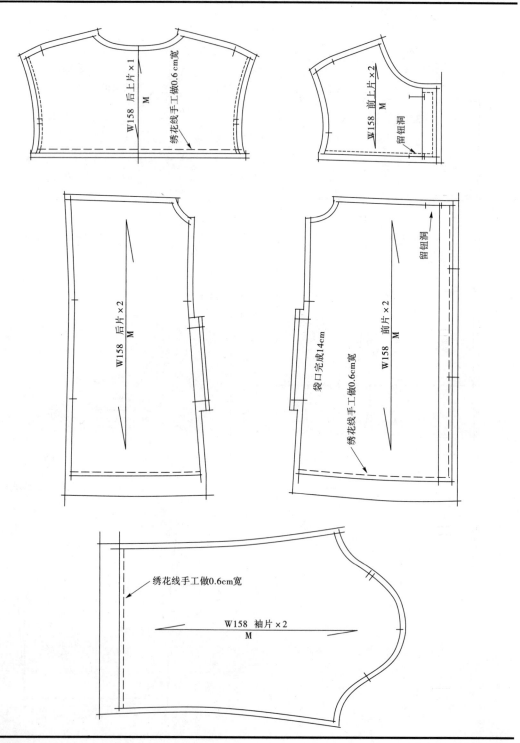

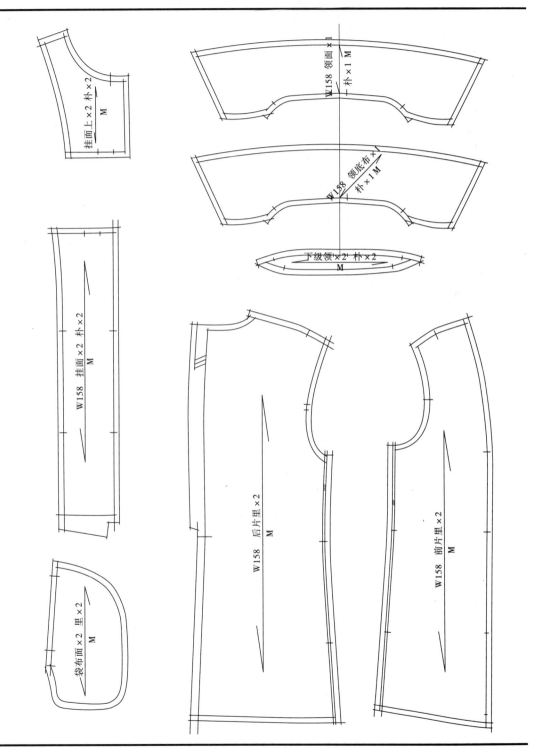

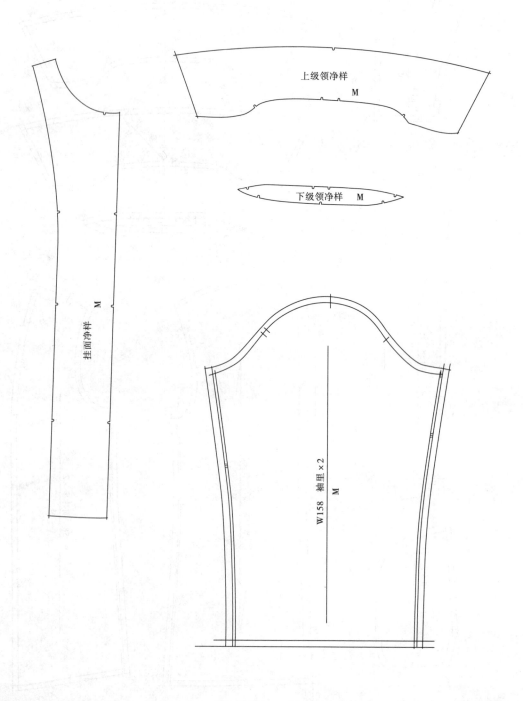

上级领净样

M

下级领净样　M

挂面净样　M

W158　袖里×2
M

辅料明细

钮	号		粒
钮	号		粒
啪钮			
拉链	隐形	双骨	
勾仔	单骨		
裙扣			
肩棉			
其他			

工艺要求：

1. 落朴：上下领，挂面后叉袋唇前中。
2. 袖中缝，前门襟压线1cm。
3. 全件打边飞里，下胸包边0.5cm。

规格(厘米)

部位	成衣尺寸	纸样尺寸	确认尺寸
后中长	126	127.5	
前长(肩度)			
前肩宽	41	41	
全肩宽			
单肩宽	101	101	
胸围(夹底度)			
前胸宽			
后背宽			
腰围	100	100	
坐围			
胸围	124	124	
领横	8.5	8.5	
前领深			
后领深			
后中领高	11.5	11.5	
领头			
后中袖长	78	78	
袖长			
袖肥	40.5	41	
夹圈(弯度)			
袖口(扣起)	34	34	
介英高			
介英宽			
袋高			
袋盖高	16.5	16.5	
袋盖宽	4	4	
筒宽			
叉长	67.2		

SKETCH/图片及细节说明

长风褛插肩袖，宽松型后中有叉，前门襟和袖骨，腰带压1cm宽度线，有下级领。

面料小样

纸样师：_____　　　设计师：_____

面料布号：_____
发单日期：_____
起办日期：_____
定办日期：_____

面料用量：_____
里料用量：_____
朴布用量：_____
其他用量：_____

插肩袖画法参考插
肩袖的基础结构。虚线
为挂面线、袋布线以及
领子的上下分割线。

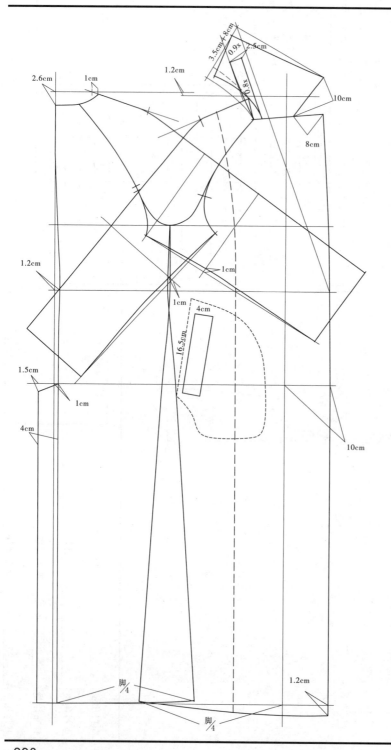

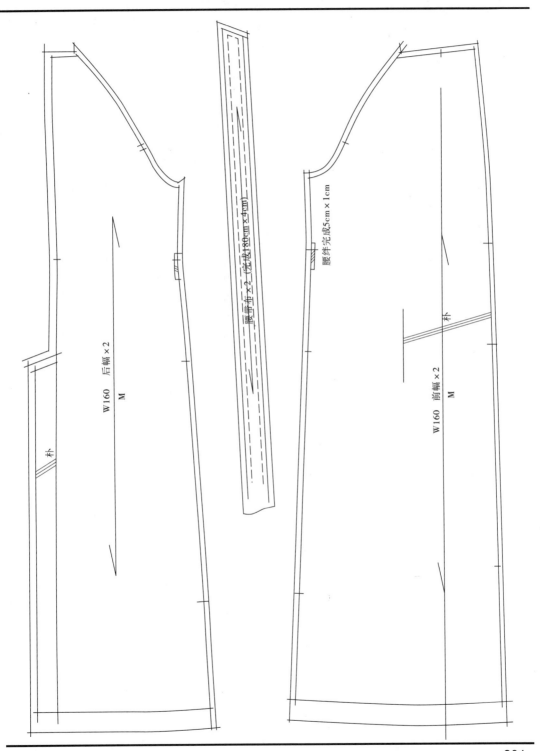

W160 后幅×2 M

朴

腰带布×2（完成180cm×4cm）

腰袢完成5cm×1cm

W160 前幅×2 M

朴

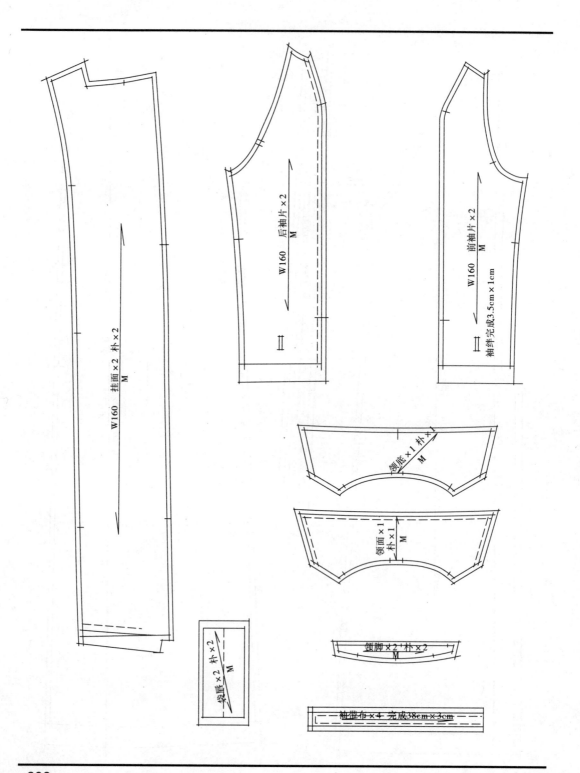

工业纸样的应用——长大衣

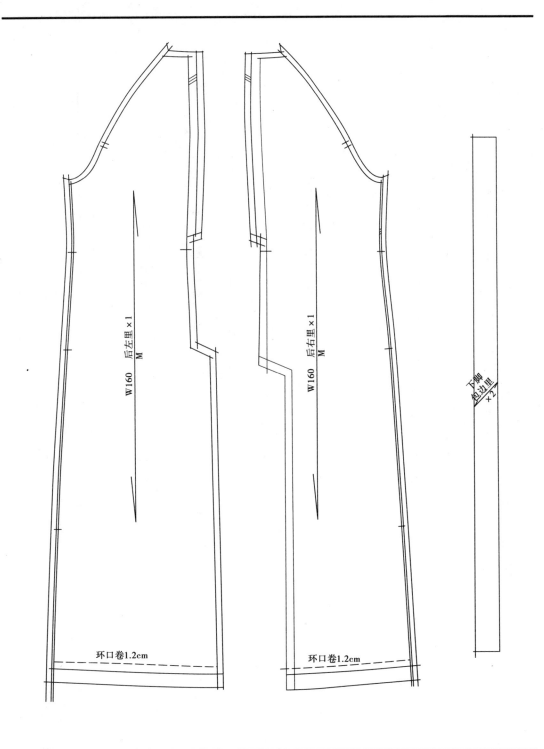

W160　后左里×1
M

W160　后右里×1
M

下脚
勾边里
×2

环口卷1.2cm

环口卷1.2cm

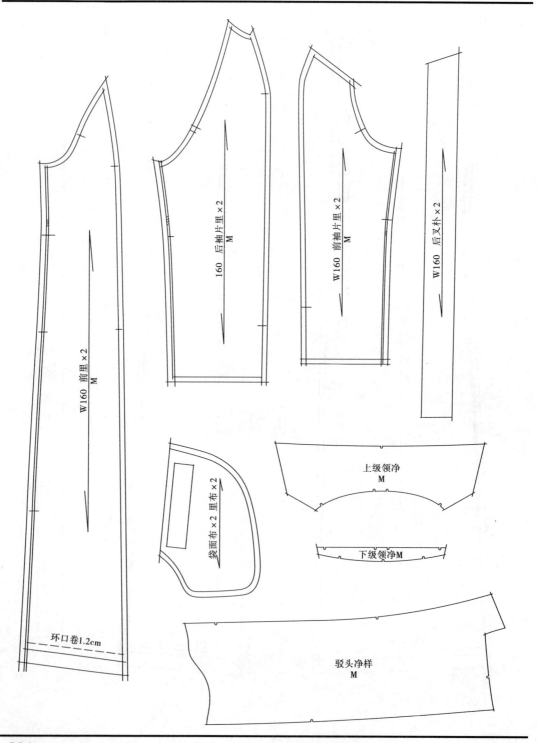

季节：＿＿＿＿　　款式：＿＿＿＿　　款号：D181　　　　　　　　　　　　　　　　　上身办单

组别：＿＿＿＿

SKETCH/图片
及细节说明

晚装
上身底层用色丁
公主骨有鱼骨，
下身底层用雪纺，
小肩宽2cm，下
脚拉小边，侧骨
隐形拉链，领夹
圈钉珠片。

规格(厘米)

部位	成衣尺寸纸样尺寸确认尺寸	
后中长		
前长(肩度)	155	157
前长(侧骨度)		
全肩宽		
单肩宽	2	2
胸阔(夹底度)	88	88.5
前胸宽		
后背宽		
腰围	72	71
坐围	168+54	168+54
脚围	168+54	
领横	26	26
前领深		
后领深		
后中领高		
领尖		
后中袖长		
袖长		
袖肥		
夹圈(弯度)		44
袖口(扣起)		
介英高		
介英宽		
袋高		
袋宽		
袋盖高		
袋盖宽		
筒宽		
叉长		

辅料明细

钮	号	粒
啪钮	号	粒
拉链	隐形 ∨	双骨
勾仔	单骨	1对
裙扣		
肩棉		
其他		

工艺要求：

领圈夹圈，拉链位
粘朴条，下脚拉边
0.3cm，前公主骨
有鱼骨。

设计师：＿＿＿＿　　　　　　纸样师：＿＿＿＿

面料小样

面料布号：＿＿＿＿
发单日期：＿＿＿＿
起办日期：＿＿＿＿
定办日期：＿＿＿＿

面料用量：＿＿＿＿
里料用量：＿＿＿＿
朴布用量：＿＿＿＿
其他用量：＿＿＿＿

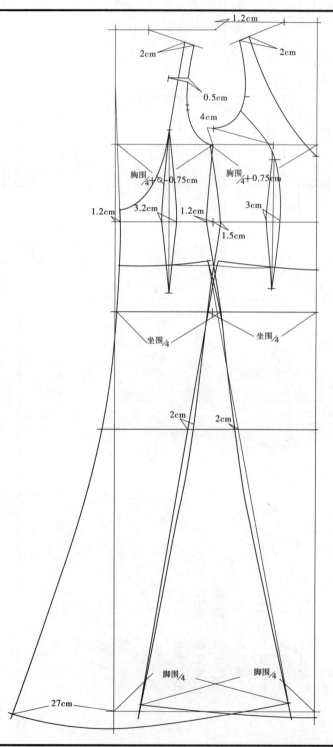

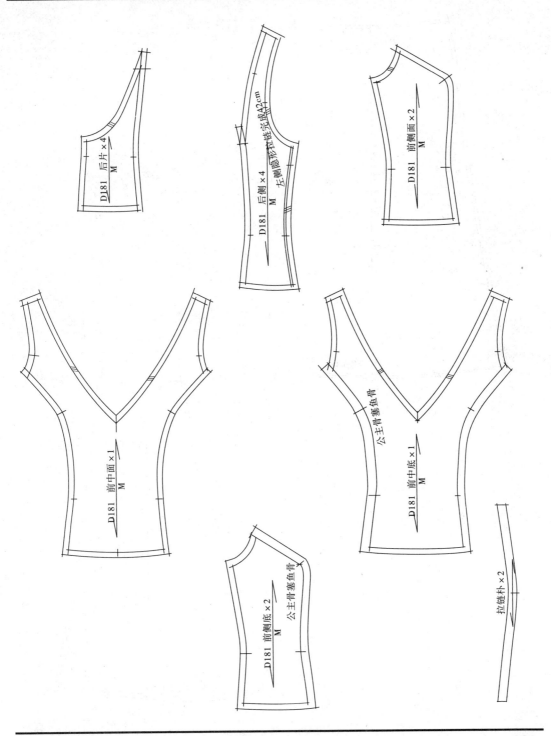

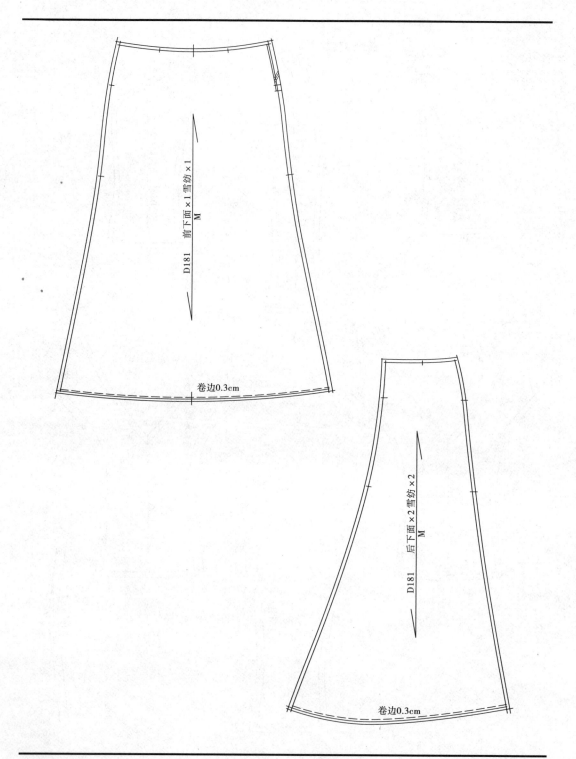

卷边0.3cm

D181　前下面×1雪纺×1　M

D181　后下面×2雪纺×2　M

卷边0.3cm

纸样放缩

第十二章

　　服装工业纸样是工业化生产、裁剪、排料、扣烫、划样等所用的标准纸样，服装工业化的生产为满足不同消费者的需求，服装工业纸样一般都具备三到四档规格，有的多达八九档甚至十几档规格，为了便捷绘制各档规格，同时保证纸样的准确性和相似性就要进行纸样放缩。

　　纸样放缩的表现手法有很多种，视个人的风格习惯而定，但纸样放缩的放缩原理是一致的。随着计算机技术的滚滚浪潮，计算机已经渗透到各个领域，服装亦不例外，早在20世纪70年代，纸样放缩这一技艺，已采用计算机操作，十几档规格在几十分钟之内便可缩放完成。但是在操作计算机的同时，必须熟练掌握纸样放缩的原理。

　　本书介绍齐码放缩法，齐码放缩就是以确认的标准纸样为基础，找出各个码数的差数，按全部码数的关节点和对位点连接画在一张白纸上，经过检查，核对无误后，再钉在硬纸上一个码一个码剪下来或一档规格一档规格的复制。

1.公共线

公共线是指在纸样放缩中确定基础码的某一条轮廓线或主要辅助线。作为各个码数规格的公共部分的线条。

公共线的确定原则

A.公共线应选用纵、横的主要结构线或主要轮廓线。

B.公共线必须是直线或弧度较小的弧线。

常用公共线选择表

部位　　　方向	纵向	横向
裙子	前后中心线、侧缝直线	上平线、臀围线、裙长线
裤子	前后挺缝线、侧缝直线	上平线、横裆线、膝围线、裤长线
上身	前后中心线、前胸宽线后背宽线	上平线、胸围线、腰节线、衣长线
衣袖	前袖弯直线、袖中线	上平线、袖山深线、袖肘线、袖长线
领子	领中线	领宽

2.分码线

分码线是指在放缩制图中大小码与基础码所有的关节点对位相连接的线条。当然首先要控制最大码和最小码的放缩尺寸，而后根据各档差之间差数，在分码线上分出各档规格。

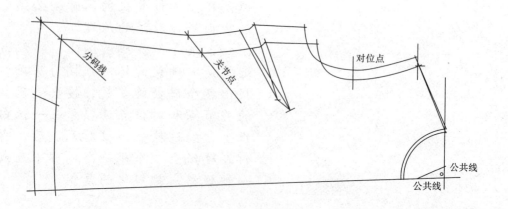

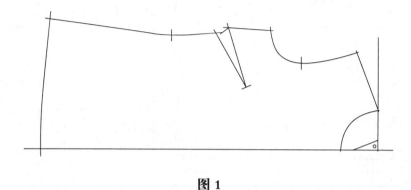

图 1

图 1
1. 用一张白纸复制修改后确认的标准基码纸样。
2. 确定纵向横向公共线。

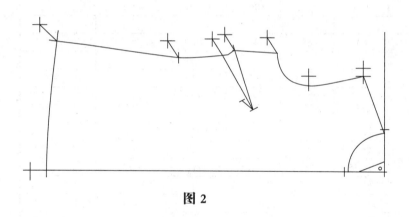

图 2

图 2
3. 按照总档差尺寸确定最大码的位置与纵横公共线垂直，包括所有的关节点和对位点。
4. 标出最大码与最小码之间的分码线。

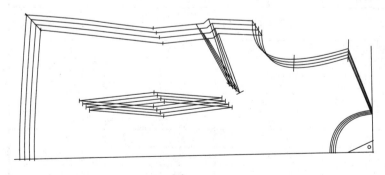

图 3

图 3
5. 在分码线按照各个码的档差尺寸细分各档规格。
6. 画出各个规格的全部线条。

纸样放缩实例——裤子

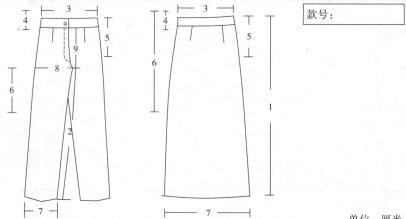

款号：

单位：厘米

位置指引	尺码	1	2	3	4	纸样损耗	备注
		36/S	38/M	40/L	42/XL		
1. 外长		104	105.2	106.4	107.6	+0.5	
2. 内长							
3. 腰围放松		64	68	72	76		
4. 腰高							
5. 坐围(腰下18cm度)		89	93	97	101	+1	
6. 膝围		44.5	46.5	48.5	50.5	+0.2	
7. 脚围		44.5	46.5	48.5	50.5	+0.2	
8. 脾围(浪底度)		60	64.4	68.8	70.2	+1	
9. 前浪(弯度)		26.4	27	27.6	28.2	−0.5	
10. 后浪(弯度)		35.75	36.5	37.25	38	−0.7	
纸样共计：		里布		实样		毛裁样	
日期：		布料：		封度：		用料：	缩水后：
日期：		布料：		封度：		用料：	缩水后：
日期：		布料：		封度：		用料：	缩水后：

放缩部位计算

单位：厘米

放缩部位	规格差额	使用比例	放缩数值	放缩数值依据
外长	4			规格尺寸的差数
内长				规格尺寸的差数
腰围放松	4	1/4	1	规格尺寸差数的1/4
坐围	4	1/4	1	规格尺寸差数的1/4
膝围	1	1/2	0.5	规格尺寸差数的1/2
脚围	1	1/2	0.5	规格尺寸差数的1/2
脾围	4.4	1/2	1×1.4	
前浪	0.6		0.6	规格尺寸的差数
后浪	0.75		0.75	规格尺寸的差数

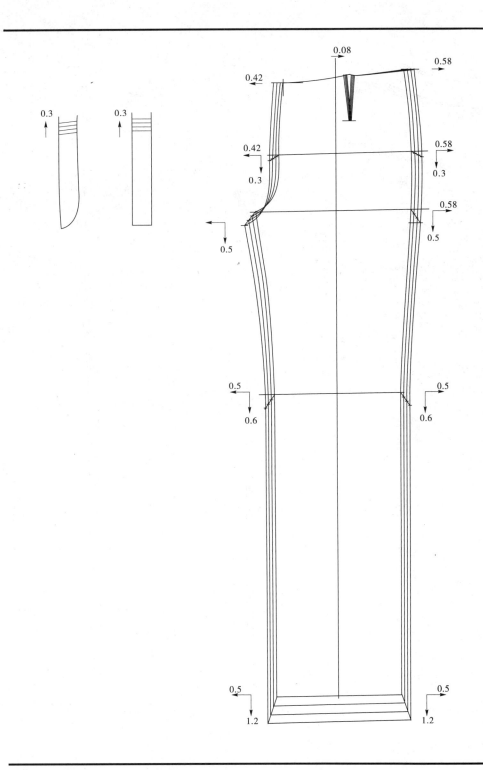

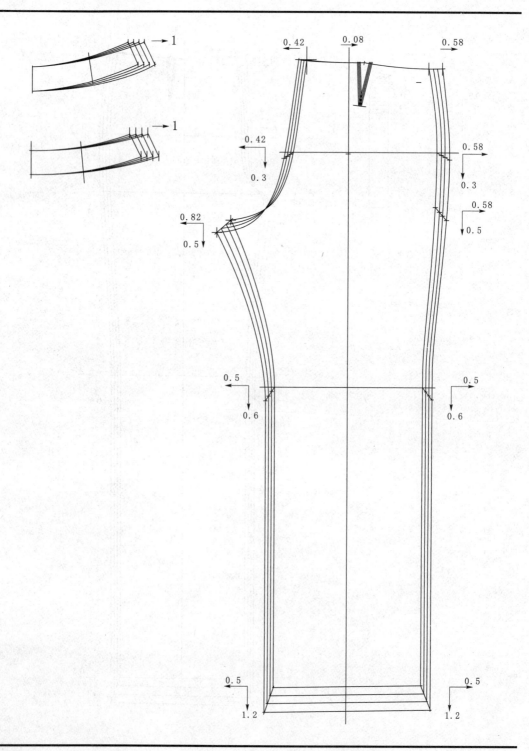

款号：

单位：厘米

尺码 位置指引	1 36/S	2 38/M	3 40/L	4 42/XL	纸样损耗	备注
1.肩宽(肩至肩平度)	37	38	39	40		
2.小肩宽						
3.后背宽(后领深度下12.5cm)	16.9	17.4	17.9	18.4		
4.胸围(夹底度)	88	92	96	100	+1	
5.腰长(后领深度下)	37.4	38	38.6	39.2		
6.腰围	74	78	82	86	−1	
7.上坐围						
8.下坐围(腰下19cm)						
9.前衣长(前肩点度)						
10.后中长(后领深度下)	62	63	64	65	+0.5	
11.脚围	96	100	104	108	+0.5	
12.袖长	58.5	59.5	60.5	61.5	+0.3	
13.袖肥(夹底度)	32	33.2	34.4	35.6	+0.5	
14.夹位(平直度)						
15.前夹圈(弯度)	21.5	22.25	23	23.75		
16.后夹圈(弯度)	22.7	23.45	24.2	24.95		
17.袖口宽	23.8	25	26.2	27.4		
18.前领横						
19.后领横	7.6	7.75	7.9	8.05		
20.钮距						
21.第一粒钮位						
22.后领高						
23.叉高						
24.拉链长						
纸样共计：	里布		实样		毛裁样	
日期：	布料：		封度：		用料：	缩水后：
日期：	布料：		封度：		用料：	缩水后：
日期：	布料：		封度：		用料：	缩水后：

纸样放缩实例——上衣

放缩部位计算

放缩部位	规格差额	使用比例	放缩数值	放缩数值依据
后中长	1		1	规格尺寸的差数
总肩宽	1	1/2	0.5	肩宽规格差数的1/2
前后腰节长	0.6		0.6	规格尺寸的差数
胸围	4	1/4	1	规格尺寸差数的1/4
腰围	4	1/4	1	规格尺寸差数的1/4
脚围	4	1/4	1	规格尺寸差数的 1/4
领围	1			规格尺寸的差数
领横			0.15	规格尺寸的差数
夹圈	1.5	1/2	0.75	规格尺寸的差数
袖长	1		1	规格尺寸的差数
袖肥	1.2	1/2	0.6	规格尺寸的差数
袖口	1.2	1/2	0.6	规格尺寸的差数

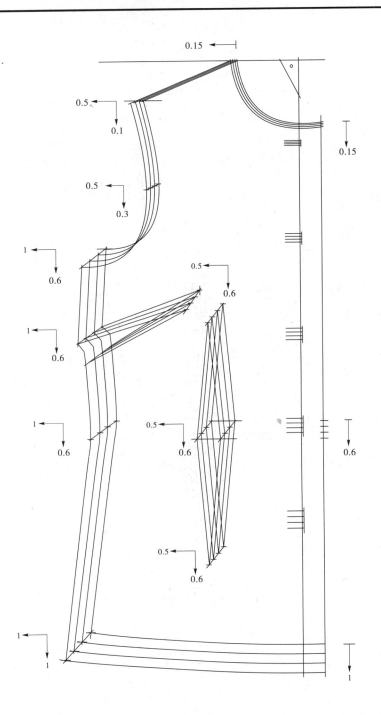

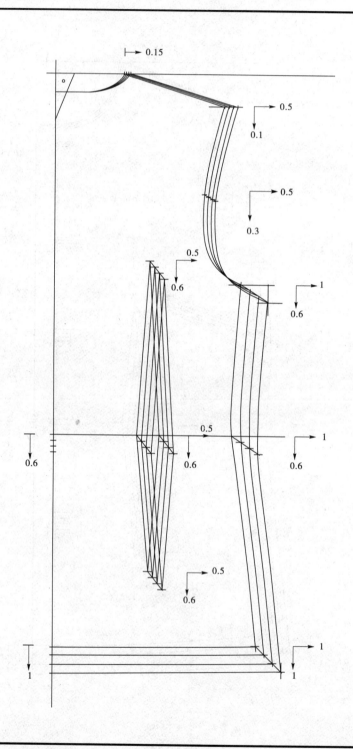

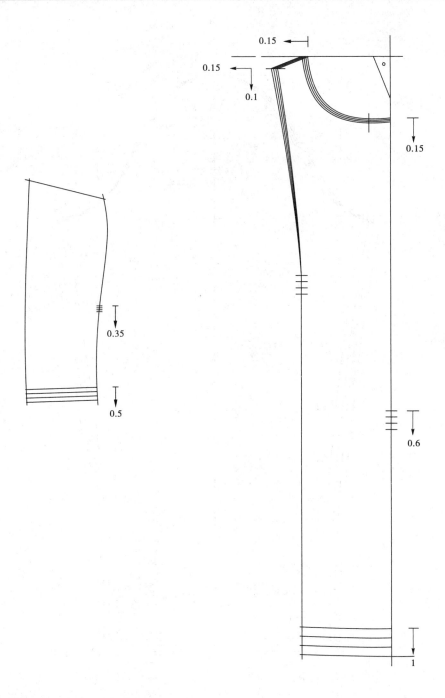

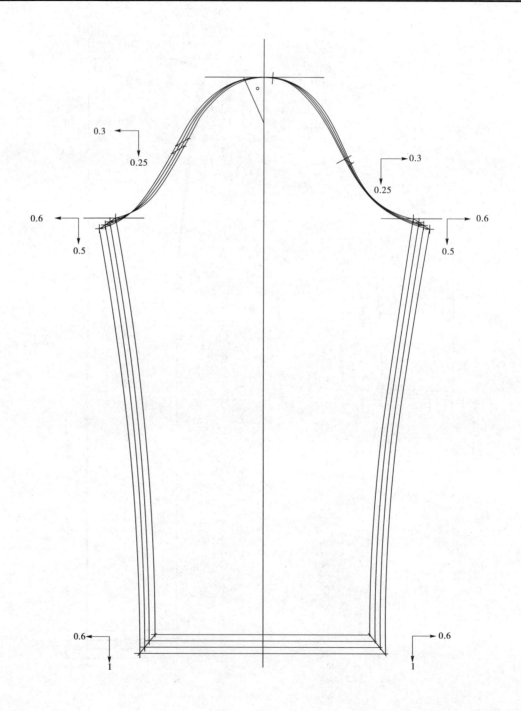

0.3
0.25
0.6
0.5
0.3
0.25
0.6
0.5
0.6
1
0.6
1

附录：尺寸对照表（单位：英寸—厘米）

单位：厘米

英寸		1/16	1/8	1/4	3/8	1/2	5/8	3/4	7/8
		0.16	0.32	0.64	0.95	1.27	1.59	1.91	2.22
1	2.54	2.70	2.86	3.18	3.49	3.81	4.13	4.45	4.76
2	5.08	5.24	5.40	5.72	6.03	6.35	6.67	6.99	7.30
3	7.62	7.78	7.94	8.26	8.57	8.89	9.21	9.53	9.84
4	10.16	10.32	10.48	10.80	11.11	11.43	11.75	12.07	12.38
5	12.70	12.86	13.02	13.34	13.65	13.97	14.29	14.61	14.92
6	15.24	15.40	15.56	15.88	16.19	16.51	16.83	17.15	17.46
7	17.78	17.94	18.10	18.42	18.73	19.05	19.37	19.69	20.00
8	20.32	20.48	20.64	20.96	21.27	21.59	21.91	22.23	22.54
9	22.86	23.02	23.18	23.50	23.81	24.13	24.45	24.77	25.08
10	25.40	25.56	25.72	26.04	26.35	26.67	26.99	27.31	27.62
11	27.94	28.10	28.26	28.58	28.89	29.21	29.53	29.85	30.16
12	30.48	30.64	30.80	31.12	31.43	31.75	32.02	23.39	32.70
13	33.02	33.18	33.34	33.66	33.97	34.29	34.61	34.93	35.24
14	35.56	35.72	35.88	36.20	36.51	36.83	37.15	37.47	37.78
15	38.10	38.26	38.42	38.74	39.05	39.37	36.69	40.01	40.32
16	40.64	40.80	40.96	41.28	41.59	41.91	42.23	42.55	42.86
17	43.18	43.34	43.50	43.82	44.13	44.45	44.77	45.09	45.40
18	45.72	45.88	46.04	46.36	46.67	46.99	47.31	47.63	47.94
19	48.26	48.42	48.58	48.90	49.21	49.53	49.85	50.17	50.48
20	50.80	50.96	51.12	51.44	51.75	52.07	52.39	52.71	53.02
21	53.34	53.50	53.66	53.98	54.29	54.61	54.93	55.25	55.56
22	55.88	56.04	56.20	56.52	56.83	57.15	57.47	57.79	58.10
23	58.42	58.58	58.74	59.06	59.37	59.69	60.01	60.33	60.64
24	60.96	61.12	61.28	61.60	61.91	62.23	62.55	62.87	63.18
25	63.50	63.66	63.82	64.14	64.45	64.77	65.09	65.41	65.72
26	66.04	66.20	66.36	66.68	66.99	67.31	67.63	67.95	68.26
27	68.58	68.74	68.90	69.22	69.53	69.85	70.17	70.49	70.80
28	71.12	71.28	71.44	71.76	72.07	72.39	72.71	73.03	73.34
29	73.66	73.82	73.98	74.30	74.61	74.93	75.25	75.57	75.88
30	76.20	76.36	76.52	76.84	77.15	77.47	77.79	78.11	78.42
31	78.74	78.90	79.06	79.38	79.69	80.01	80.33	80.65	80.96
32	81.28	81.44	81.60	81.92	82.23	82.55	82.87	83.19	83.50
33	83.82	83.98	84.14	84.46	84.77	85.09	85.41	85.73	86.04
34	86.36	86.52	86.68	87.00	87.31	87.63	87.95	88.27	88.58
35	88.90	89.06	89.22	89.54	89.85	90.17	90.49	90.81	91.12
36	91.44	91.60	91.76	92.08	92.39	92.71	93.03	93.35	93.66
37	93.98	94.14	94.30	94.62	94.93	95.25	95.57	95.89	96.20
38	96.52	96.68	96.84	97.16	97.47	97.79	98.11	98.43	98.74
39	99.06	99.22	99.38	99.70	100.01	100.33	100.65	100.97	101.28
40	101.60	101.76	101.92	102.24	102.55	102.87	103.19	103.51	103.82
41	104.14	104.30	104.46	104.78	105.09	105.41	105.73	106.05	106.36
42	106.68	106.84	107.00	107.32	107.63	107.95	108.27	108.59	108.90
43	109.22	109.38	109.54	109.86	110.17	110.49	110.81	111.31	111.44
44	111.76	111.92	112.08	112.40	112.71	113.03	113.35	113.67	113.98
45	114.30	114.46	114.62	114.94	115.25	115.57	155.89	116.21	116.52
46	116.84	117.00	117.16	117.48	117.79	118.11	118.43	118.75	119.06
47	119.38	119.54	119.70	120.02	120.33	120.65	120.97	121.29	121.60
48	121.92	122.08	122.24	122.56	122.87	123.19	123.51	123.83	124.14
49	124.46	124.62	124.78	125.10	125.41	125.73	126.05	126.37	126.68
50	127.00	127.16	127.32	127.64	127.95	128.27	128.59	128.91	129.22
51	129.54	129.70	129.86	130.18	130.49	130.81	131.13	131.45	131.76
52	132.08	132.24	132.40	132.72	133.03	133.35	133.67	133.99	134.30
53	134.62	134.78	134.94	135.26	135.57	135.89	136.21	136.53	136.84
54	137.16	137.32	137.48	137.80	138.11	138.43	138.75	139.07	139.38
55	139.70	139.86	140.02	140.34	140.65	140.97	141.29	141.61	141.92
56	142.24	142.40	142.56	142.88	143.19	143.51	143.83	144.15	144.46
57	144.78	144.94	145.10	145.42	145.73	146.05	146.37	146.69	147.00
58	147.32	147.48	147.64	147.96	148.27	148.59	148.91	149.23	149.54
59	149.86	150.02	150.18	150.50	150.81	151.13	151.45	151.77	152.08
60	152.40	152.56	152.72	153.04	153.35	153.67	153.99	154.31	154.62